JN297187

わかる化学シリーズ 6

環境化学

齋藤勝裕・山﨑鈴子 著

東京化学同人

イラスト 山田好浩

刊行にあたって

　化学は総合的な学問であり，高度に洗練された理論的分野と，日常的な現象を追求した分野が混在している．そしてこの混沌とした体系がまた，化学の大きな魅力の一つになっている．本シリーズは，このような化学の魅力を，一人でも多くの方にわかっていただきたい，そのような願いを込めてつくられたものである．

　「わかる化学」というシリーズ名からわかるように，読者が大学ではじめて手にする化学の教科書を想定している．高度な専門分野に入るまえの，やさしい第一ステップとして企画された．

　本シリーズの特徴は，何といってもそのわかりやすさである．化学の全貌を，図とイラストを用いて，"わかりやすく"，そして"楽しく"理解できるように工夫している．文章は読みやすく簡潔なものとし，問題の本質を的確に説明するよう心掛けた．

　「学問に王道なし」といわれるが，この言葉に疑問をもっている．ぬかるみは舗装すればよいし，川には橋を架ければよい．並木を植えて街灯を置いたら，素晴らしい学問の散歩道である．そのような「学問の散歩道」を用意するのが，本シリーズの役割と心得ている．

　本シリーズを通して，一人でも多くの方に，化学の面白み，化学の楽しさをわかっていただきたいと願って止まない．

　最後に，本シリーズの企画に並々ならぬ努力を払われた，東京化学同人の山田豊氏に感謝を捧げる．

2004年9月

齋　藤　勝　裕

まえがき

　本書は「わかる化学シリーズ」の一環として，環境化学の全領域を一冊にまとめたものである．これから環境化学を学ぼうとする方々に，環境化学の世界に入っていただくための第一ステップを用意する意図で執筆した．

　環境化学の目的は，化学の目を通じて，私たちを取巻く環境について理解することである．本書では，地球という環境を化学的にとらえたあとで，私たちの生活と化学物質のかかわり，そして現在，大きくクローズアップされている地球環境問題とその解決へ向けた取組みについて，わかりやすく説明した．したがって，本書を読み終えたときには，環境化学全般について，幅広く，バランスのとれた基礎知識が身についているはずである．

　さらに本書では，簡潔で明確な記述と魅力的なイラストによって，やさしく，楽しく理解できるように工夫を凝らした．これらのイラストは，環境化学を直感的に理解するための大きな助けとなるだろう．

　なお，執筆は1章から8章は齋藤が，9，10章は山﨑が担当した．

　最後に本書刊行にあたり，努力を惜しまれなかった東京化学同人の山田豊氏と，楽しいイラストを描いて下さった山田好浩氏に感謝申し上げる．

2007年2月

著　　者

目　　次

ようこそ環境化学の世界へ ……………………………………………… 1

第Ⅰ部　環境とは何か

1章　地球という環境 …………………………………………………… 5
1. かけがえのない地球環境 ……………………………………… 6
2. 宇宙の中の地球 ………………………………………………… 6
3. 宇宙と原子 ……………………………………………………… 9
4. 地球の姿 ……………………………………………………… 11
5. 大気と地球 …………………………………………………… 14
6. 水と地球 ……………………………………………………… 15
7. 生命と地球 …………………………………………………… 16

第Ⅱ部　化学物質と環境

2章　化学物質って何だろう？ ………………………………………… 21
1. 原子の種類 …………………………………………………… 22
2. 化学結合 ……………………………………………………… 24
3. 分子のプロフィール ………………………………………… 25
4. 簡単な構造をもつ分子 ……………………………………… 26
5. 有機分子ってどのようなもの ……………………………… 28
6. 高分子ってどのようなもの ………………………………… 31
　　コラム　原子の数え方 …………………………………… 23

3章　生活の中の化学物質 ･･････････････ 33
1. 身のまわりの化学物質 ･･････････････ 34
2. 健康と化学物質 ･･････････････ 36
3. 有害な有機化合物 ･･････････････ 39
4. その他の有害な化学物質 ･･････････････ 43
5. 環境ホルモン ･･････････････ 44
　コラム　シックハウス症候群 ･･････････････ 39
　コラム　神経毒とサリン ･･････････････ 41
　コラム　毒性の指標 ･･････････････ 43

第Ⅲ部　地球環境の化学

4章　大気の化学 ･･････････････ 49
1. 大気を構成する化学物質 ･･････････････ 50
2. 大気の成分に影響を与える活動 ･･････････････ 52
3. 窒素酸化物および硫黄酸化物 ･･････････････ 54
4. 浮遊粒子状物質 ･･････････････ 56
5. 光化学スモッグ ･･････････････ 57
　コラム　大気中で起こる光化学反応 ･･････････････ 51

5章　水の化学 ･･････････････ 59
1. 水の不思議な性質 ･･････････････ 60
2. 循環する水 ･･････････････ 61
3. 生活の中の水 ･･････････････ 63
4. 水の汚染 ･･････････････ 65
5. 生物濃縮 ･･････････････ 67
　コラム　水質の指標 ･･････････････ 67

6章　土壌の化学 ･･････････････ 71
1. 岩石ってどのようなもの ･･････････････ 72
2. 土壌ってどのようなもの ･･････････････ 73
3. 地球上における物質の循環 ･･････････････ 75
4. 土壌の汚染と破壊 ･･････････････ 78
　コラム　緩衝作用 ･･････････････ 75

7章　地球環境問題 ·········· 81
　1．地球温暖化 ·········· 82
　2．温室効果ガス ·········· 85
　3．オゾン層の破壊 ·········· 85
　4．オゾン層破壊はなぜ起こるのか ·········· 88
　5．酸性雨 ·········· 90
　　コラム　地球温暖化がもたらす影響 ·········· 84
　　コラム　二酸化炭素の発生量 ·········· 86
　　コラム　雨のpH ·········· 91

第Ⅳ部　環境を守る化学

8章　エネルギーと環境 ·········· 97
　1．私たちの暮らしとエネルギー ·········· 98
　2．化石エネルギー ·········· 100
　3．原子力エネルギー ·········· 103
　4．再生可能エネルギー ·········· 108
　　コラム　メタンハイドレート ·········· 103

9章　グリーンケミストリー ·········· 113
　1．グリーンケミストリーとは ·········· 114
　2．環境にやさしい化学合成 ·········· 115
　3．廃棄物の問題 ·········· 118
　4．リサイクル ·········· 120
　5．光触媒 ·········· 123
　6．生分解性プラスチック ·········· 126
　　コラム　触媒 ·········· 117
　　コラム　化学的な分解による廃棄物の処理 ·········· 123

10章　地球環境を守るために ·········· 131
　1．地球環境問題の解決へ向けて ·········· 132
　2．環境税 ·········· 135
　3．循環型社会の実現へ向けて ·········· 138
　4．ゼロエミッション ·········· 140

5. 市民による環境保全 …………………………………………………… 142
6. 砂漠に緑を ……………………………………………………………… 144
 コラム　国際的な協力による排出削減 ………………………………134
 コラム　家庭でできる温暖化対策 ……………………………………136
 コラム　循環型社会に向けた法律 ……………………………………139
 コラム　エコタウン ……………………………………………………141
 コラム　「MOTTAINAI」キャンペーン ……………………………143

索　引 ……………………………………………………………………………145

ようこそ環境化学の世界へ

　ここは環境化学の世界である．心から歓迎する．

　みなさん，期待に胸を弾ませているのではないだろうか？

　環境化学の世界は，無限に広がる宇宙にたたずむ地球という小さな星が舞台である．青く輝く地球では，たった一回きりの音楽会が繰広げられている．名誉あるオーケストラの団員たちは一体となって，とても素敵な音楽を奏でている．ところが，ちょっと困ったことに，指揮者泣かせの団員たちがいて，ときどき勝手な演奏をはじめてしまう．

　環境化学は，地球という星で演奏される一大シンフォニーを，化学の目を通じてとらえる世界である．

　音楽会の幕が閉じたとき，きっと皆さんは思うだろう．

　「かけがえのない地球を大切にしよう」

　さあ，環境化学の旅に出かけよう！

I

環境とは何か

1 地球という環境

　数え切れないほどの生命が，地球という小さな星に住んでいる．地球はこれらの生命にとって，かけがえのない環境となっている．そして，地球環境と生命は互いに影響を及ぼし合っている．
　環境化学の目的は化学の目を通して，私たちを取巻く環境について理解

地球という環境

することである．まず，ここでは地球という環境がどのようなものであるのかを簡単に見てみよう．

1. かけがえのない地球環境

金魚と金魚鉢

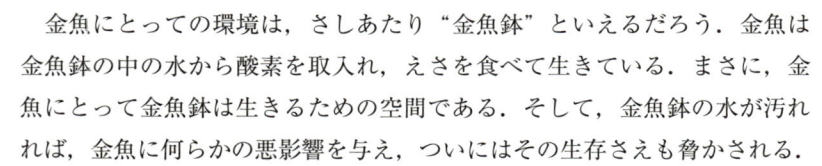

　金魚にとっての環境は，さしあたり"金魚鉢"といえるだろう．金魚は金魚鉢の中の水から酸素を取入れ，えさを食べて生きている．まさに，金魚にとって金魚鉢は生きるための空間である．そして，金魚鉢の水が汚れれば，金魚に何らかの悪影響を与え，ついにはその生存さえも脅かされる．

　しかし，金魚にとっての環境は金魚鉢がすべてではない．金魚鉢の置かれた部屋の空気が汚れれば，金魚鉢の中の水は汚染される．部屋の中の空気は，屋外，さらには住んでいる地域というように，より外の世界からも影響を受ける．そのため，環境についてのさまざまな問題について見るとき，身のまわりだけでなく，さらに広い範囲からの視点が必要となる．

私たちと地球環境

　人類もまさに金魚鉢の中の金魚であり，緑豊かな地球を離れて生きてはいけない．そして，私たちの活動は周囲の環境を越えて，地球環境全体に影響を及ぼすため，さまざまな環境破壊をひき起こす原因となる．とりわけ，現代社会が生み出す化学物質については，私たちの暮らしを便利にする一方で，環境や生命に悪影響を与えることがある．

　この青く美しい地球を守り，すべての生命と共存できるようにするためにも，私たちはこのような問題の本質をしっかりととらえ，全世界規模で適切な対策を行い，速やかに解決する必要がある．

　そのため，化学の目を通じて地球という環境を眺め，私たちの活動とのかかわりについて理解することが重要になるだろう．

2. 宇宙の中の地球

　私たちは地球という青くて美しい星に住んでいる．その地球も無限に広

「**宇宙**」というときに，すべての天体とその空間を含む領域のことをさす場合と，地球を包む大気圏の外側の空間をさす場合がある．

がる"宇宙"にたたずむ1個の小さな星にすぎないといえる．ここでは，宇宙という視点から，地球について見てみよう．

宇宙から見た地球

図1・1は宇宙から見た地球の姿である．

地球は太陽という恒星をめぐる**太陽系**の中の惑星のひとつである．地球はほぼ完全な球形をしており，太陽のまわりを円軌道を描いて回っている．そして，太陽は数多くの恒星が集まってできた，渦巻き状の円盤形をした**銀河系**の中に存在している．

さらに，宇宙には銀河系と同じような恒星の大集団（**銀河**という）がたくさん存在している．その銀河はさらにいくつか集まって**銀河団**をつくる．そして，宇宙はこれらの銀河団が網目状に分布した構造をしていると推測されている．

恒星とは自ら光を放つ天体のことをいい，**惑星**は恒星のまわりを回り，十分な質量と大きさをもった球形の天体で，自ら光を放たないものをいう．

夏の夜空を飾る天の川は銀河系を私たちが内側から眺めた姿である．私たちの住んでいる銀河は"天の川銀河"とよばれている．

銀河系の直径は10万光年，厚さは中心部で1万5千光年くらいと推測されている．そして，太陽系は銀河系の中心から，およそ3万光年離れたところに位置している．

宇宙全体には，1000億個ほどの銀河が存在するといわれている．

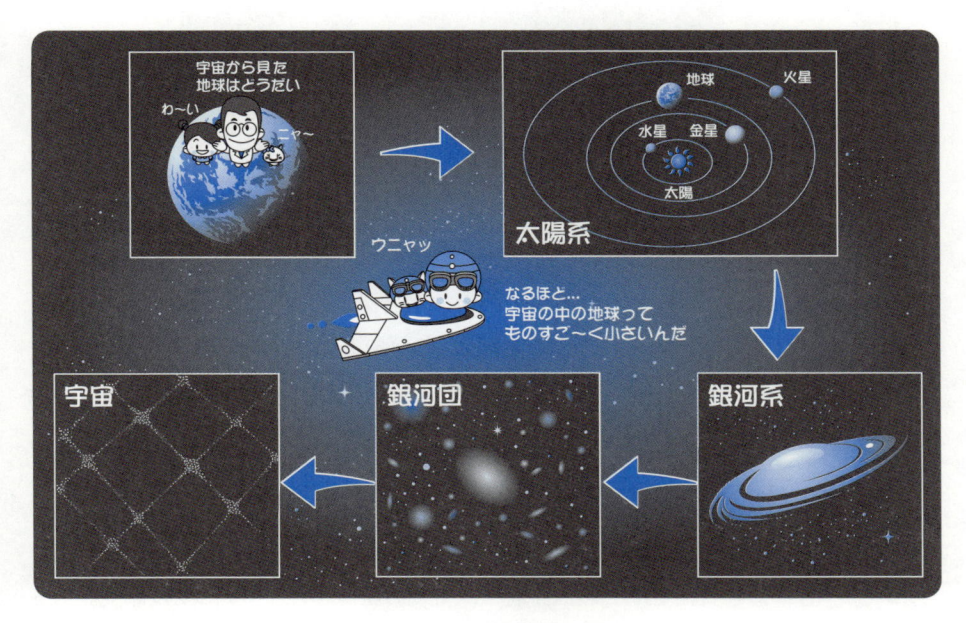

図 1・1　宇宙から見た地球

宇宙の誕生

図1・2はビッグバンから地球の誕生までを描いたものである．

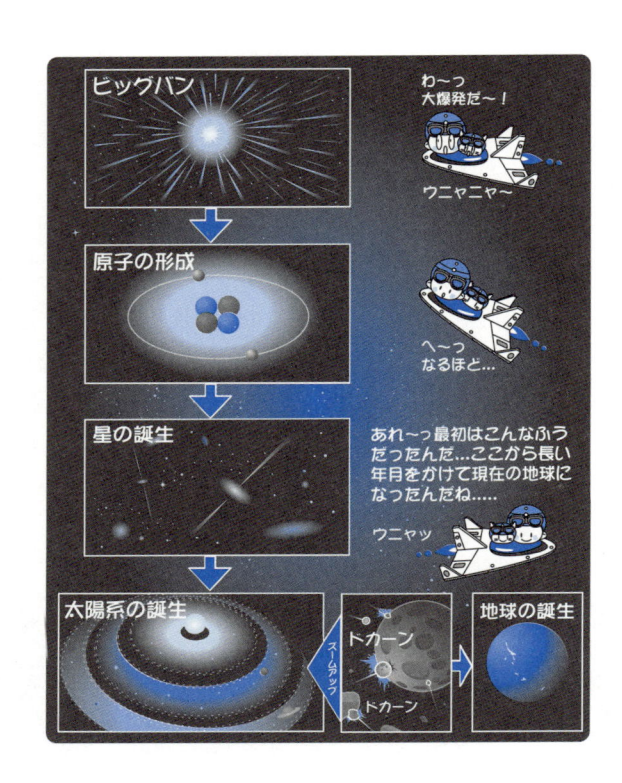

図1・2 ビッグバンから地球の誕生まで

現在でも宇宙はビッグバンによる爆発によって膨張し続けている．

宇宙における原子の存在量や原子の構造については，次節でふれる．

"核融合反応" とは，質量数の小さな原子核同士を反応させて，大きな原子核にする反応をいう（p.10の脚注参照）．核融合反応によりつくられる原子の種類は，星の質量により異なる．太陽の30倍以上の質量をもつ星では，鉄までの重い原子を形成できる．

「宇宙の誕生」は，百数十億年前に起こった**ビッグバン**とよばれる大爆発によって始まった．誕生の瞬間は超高温・超高密度の状態であったが，その数分後には水素やヘリウムの原子核が形成された．その後，爆発による膨張によって温度は低下し，およそ30万年後には数千度になり，水素やヘリウムの原子核に電子がとらえられ，原子が形成された．"原子"は物質を構成するための基本となるものであり，「原子の誕生」により，私たちの存在する物質世界への扉が開かれたのである．

その水素原子やヘリウム原子が集まって，大きな塊となり，やがて，重力により収縮をはじめ，高温・高密度の状態へと至り，"核融合反応"を開始する．このときにつくられるエネルギーにより，宇宙空間に光を放ち，

輝き出す．これが「星の誕生」である．

そして，星の中では核融合反応がつぎつぎと起こり，さまざまな種類の原子がつくられることになった．

地球の誕生

太陽も同じような過程を経て形成された．そして原始地球は，太陽のまわりに広がるガスが凝縮してできた塵が集まって微惑星となり，さらに，衝突と合体を繰返して大きく成長することで形成された．「地球の誕生」は，およそ46億年前のことである．

3. 宇宙と原子

宇宙に存在する物質はすべて**原子**からできている．ここでは，原子とはどのようなものであるのか見てみよう．

原子の構造

原子は雲でできた球のようなものである（図1・3）．その大きさは直径がおよそ 10^{-10} m（0.1 nm）程度である．

原子の中心には微小な粒子が集まってできた**原子核**が存在している．そのまわりに**電子**という微小な粒子が存在し，その様子から**電子雲**とよばれる．

電子はマイナスの電荷をもち，原子核はプラスの電荷をもっている．そのため，原子は電気的に中性である．原子核のプラスの電荷は**陽子**によるものであり，**中性子**は電荷をもたない．

原子の質量の大部分を占めるのは原子核であり，電子の質量は非常に小さい．陽子と中性子の質量はほぼ同じであり，電子の約2000倍ほどである（表1・1）．

また，陽子の個数を**原子番号** Z，陽子と中性子の個数の和を**質量数** A という（図1・4）．

---

1. 地球という環境　　9

地球をはじめとする太陽系には，質量の大きな星の中の核融合反応によってできる重い原子も含まれている．このことからは質量の大きな星が燃料を使い果たし，その一生を終えるときに迎える"超新星爆発"の際に，宇宙空間にまき散らした物質から太陽系がつくられたと推測できる．

太陽系の惑星は，地球型（水星，金星，地球，火星），木星型（木星，土星），天王星型（天王星，海王星）に分けられる．
地球型は岩石成分，金属成分が集まってできた固体惑星，木星型は水素，ヘリウムなどのガスが集まってできた巨大ガス惑星，天王星型は水，メタン，アンモニアが凝固してできた巨大氷惑星である．

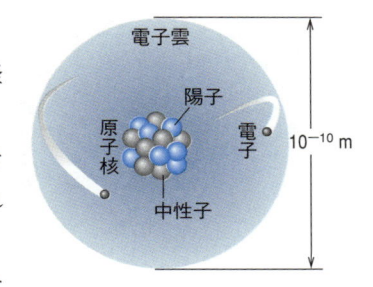

図1・3　原子の構造

原子をパチンコ玉の大きさとすると，同じ大きさで拡大したパチンコ玉は日本列島をすっぽり包み込むくらいの大きさとなる．

表 1・1　原子を構成するもの

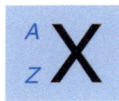

	名　称		記号	電荷	質量 (kg)
原子	電子		e	$-e$	9.1093×10^{-31}
	原子核	陽子	p	$+e$	1.6726×10^{-27}
		中性子	n	0	1.6749×10^{-27}

$$^A_Z X$$

X：元素記号
Z：原子番号 ＝ 陽子数
A：質量数 ＝ 陽子数 ＋ 中性子数

図 1・4　元素記号

具体的な原子の種類と元素記号については，2章でふれる．

原子の種類

　原子には100以上の種類があり，それぞれ電子や陽子の数が異なる．これらの種類の違いは，**元素記号**によって表すことができる（図1・4）．そして，原子には名前が付いており，それをもとに元素記号が与えられ，アルファベットで示される．

　たとえば，1個の陽子をもつ（中性子はもたない）原子にはhydrogen（水素），2個の陽子をもつ（中性子は2個）原子にはhelium（ヘリウム）という名前が付いており，水素はH，ヘリウムはHeの元素記号で示される．

　また，元素記号に原子番号，質量数を付けて表すこともある．

　さらに，原子番号（陽子数）が同じで，中性子数の異なる原子も存在する．これらを**同位体**という（表1・2）．

太陽をはじめとする恒星では，水素同士が反応してヘリウムを生成する核融合によって，膨大なエネルギーがつくり出されている．
人工的に核融合を起こさせ，そのエネルギーを発電に利用する試みが続けられている．核融合炉で行われる代表的な核融合反応を下式に示す．

$^2_1H + ^3_1H \longrightarrow ^4_2He + ^1_0n + $ エネルギー

表 1・2　いくつかの同位体の例

	H			C			Cl		U	
元素記号	^1_1H	^2_1H	^3_1H	$^{12}_6C$	$^{13}_6C$	$^{14}_6C$	$^{35}_{17}Cl$	$^{37}_{17}Cl$	$^{235}_{92}U$	$^{238}_{92}U$
陽子数	1	1	1	6	6	6	17	17	92	92
中性子数	0	1	2	6	7	8	18	20	143	146
存在度 (%)	99.99	0.01	～0	98.9	1.1	～0	75.8	24.2	0.7	99.3

　たとえば，水素には中性子をもたない^1_1Hのほかに，1個の中性子をもつ^2_1H（重水素あるいはジュウテリウム（Dで表す）という），2個の中性子をもつ^3_1H（三重水素あるいはトリチウム（Tで表す））が存在する．

宇宙に存在する元素

図 1・5 は宇宙を構成する元素の存在量である．図を見ると，原子番号が大きくなるにつれて，その存在量が指数関数的に減少するのがわかる．宇宙のほとんどは水素とヘリウムで占められている．ヘリウムは水素の 1/10 程度である．この状態は宇宙の誕生のころから変わっていない．ま

比較的重い元素にもかかわらず，原子番号 26 の鉄 Fe の存在量は多い．これは Fe がヘリウムの核融合反応の延長でつくられる最終元素であり，最も安定した元素であるためである．

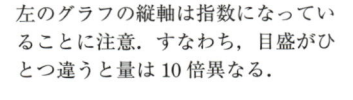

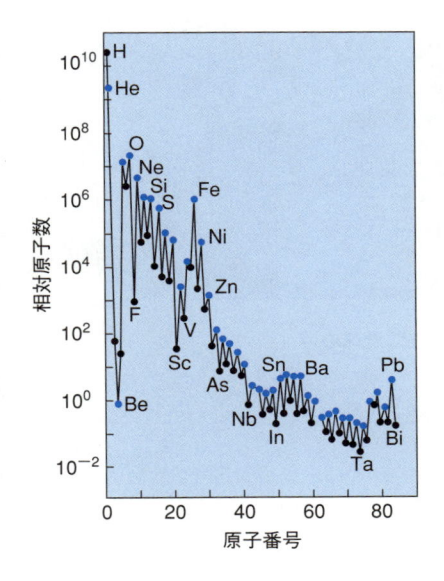

左のグラフの縦軸は指数になっていることに注意．すなわち，目盛がひとつ違うと量は 10 倍異なる．

図 1・5　宇宙における元素の存在量．●は偶数番号の元素，●は奇数番号の元素．Si 元素を 10^6 個としたときの相対原子数

た，原子番号が偶数の元素が奇数番号の元素より多く，これは偶数番号の原子核のほうがより安定であるためである．

4. 地球の姿

現在の地球は，表面に存在する土壌・岩石などからなる**地圏**，海，河川，湖，地下水などからなる**水圏**，さらに窒素・酸素などの気体で構成される**気圏（大気圏）**によって覆われている（図 1・6）．そして，これらの環境の中で，さまざまな生物が活動しており，この領域を**生物圏（生命圏）**とよんでいる．

ここでは，地球がどのような構造をしているのかを見てみよう．

12   I. 環境とは何か

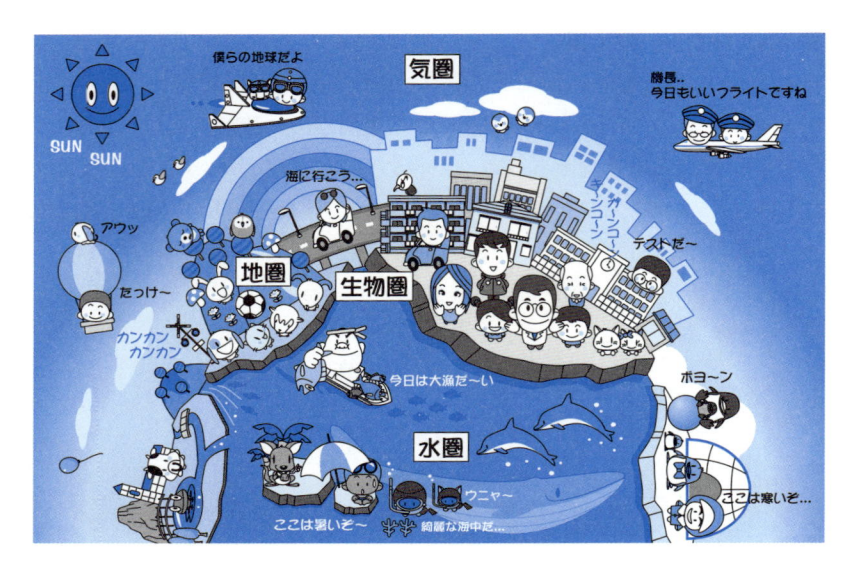

図 1・6　現在の地球の姿

原始地球の姿

　まず，地球誕生のころの様子を見てみよう（図1・7）．

　原始地球の表面は，微惑星の衝突により放出されるエネルギーによって加熱された．その際に，微惑星に含まれていたガス成分が追い出され，原始地球のまわりに水蒸気を主とする大気が生まれた．この大気の層によって，衝突で発生した熱の宇宙への放出が妨げられ，さらに表面は高温

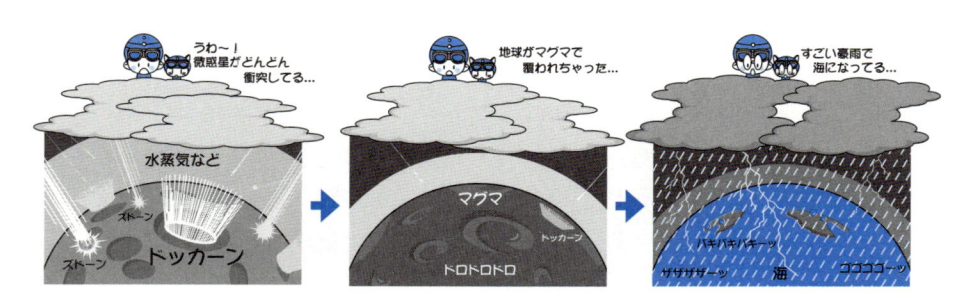

図 1・7　地球誕生のころの様子

状態になった．そのため，表面の岩石は溶融し，マグマの海（マグマオーシャン）が形成された．このとき，金属などの重い物質は中心に沈み込み，岩石などの軽い物質は表面に浮きあがった．

やがて衝突がおさまり，温度が下がると，大気中の水蒸気は雨となって降り注ぎ，海になった．そして，マグマオーシャンが冷え固まり，核，マントル，地殻という層状構造ができあがる．

現在の地球の構造

地球は半径が約 6400 km，質量が約 6×10^{24} kg のほぼ完全な球体である．その上空には大気の層が広がり，表面は土壌と岩石，あるいは海洋で覆われている．

図 1・8 は地球の断面を示したものである．地球の内部は，地殻，マントル，核の層状構造になっている．

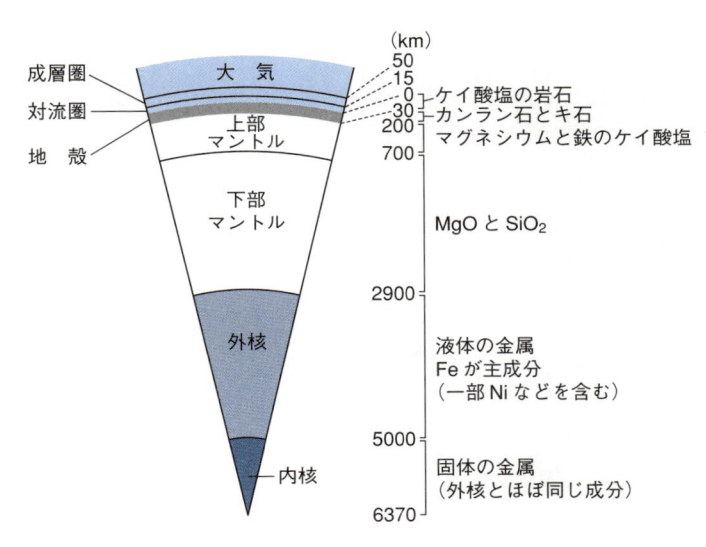

図 1・8 地球の構造

地球の中心部の温度は 6000 ℃ 程度と推測されている．

地殻は土壌・岩石からなり，厚さは陸地では 30 km 程度，海底では薄く数 km 程度である．その下に存在する**マントル**は深さ 2900 km ほどに達する．地殻はおもにケイ素 Si と酸素 O を含むケイ酸塩鉱物からなる岩

地殻とマントルの境界を"モホロヴィチッチ不連続面"とよぶ．この面を境に地震波の伝わる速度が急激に変化する．

石，マントルの上部はおもにカンラン石や輝石からなり，マグネシウム，ケイ素，酸素，鉄などを多く含んでいる．マントルは地質学的な時間スケールから見ると，粘性のある流体に似た性質を示し，対流を起こしていると考えられている．

マントルの下には，中心部に向かって**核（コア）**とよばれる部分が存在する．核はおもに鉄 Fe とニッケル Ni の合金からなる．そして，外核は液体に，内核は固体になっていると考えられている．

表 1・3 は地球の各部分の厚さ，質量などを示したものである．地球の

表 1・3 地球の各部分の厚さと質量

	厚さ(km)	質量(kg)
地球全体	6370	5.97×10^{24}
地殻	30	0.013×10^{24}
マントル	2885	4.07×10^{24}
核（コア）	3470	1.89×10^{24}

表 1・4 地球全体と地殻を構成するおもな元素の存在量

地球全体	存在量(%)	地殻	存在量(%)
鉄 Fe	32	酸素 O	47
酸素 O	30	ケイ素 Si	28
ケイ素 Si	15	アルミニウム Al	8
マグネシウム Mg	14	鉄 Fe	5
硫黄 S	3	カルシウム Ca	4

厚さや質量のほとんどはマントルと核で占められていることがわかる．また，表 1・4 には地球全体および地殻を構成するおもな元素の存在量を示した．地球全体としては，鉄，酸素，ケイ素，マグネシウムが大部分を占めている．一方，地殻では酸素，次いでケイ素の存在量が多く，鉄やマグネシウムはそれほど多くはない．

5. 大気と地球

私たちの住む地球は**大気**によって覆われている．大気は地球環境を安定な状態に保ち，生命を維持するために必要なものである．

大気の構造

図 1・9 は地球を取巻く大気の構造を示したものである．大気は上空数百 km までに及んでいる．

地上 15 km 程度までの大気を**対流圏**という．対流圏では，地球の自転や太陽熱による上昇気流の発生などによってかき混ぜられ，常に対流が起

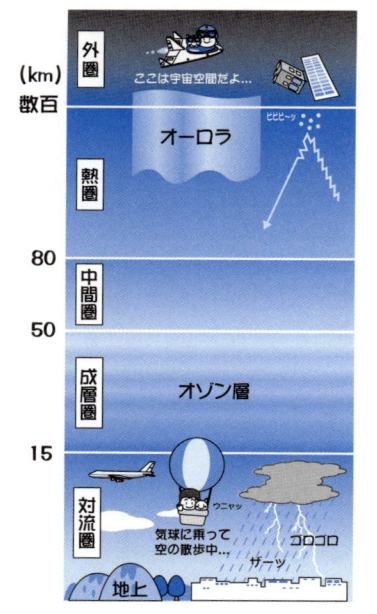

図 1・9 大気の構造

こっている．高度が高くなるほど，温度は低くなる．雨，雷，台風などの気象現象は，対流圏で起こっている．

対流圏の上から高度 50 km 付近までは，**成層圏**が広がっている．成層圏では上空に行くほど，温度は高くなる．対流はほとんど起こらず，大気はその重さに従って層を形成している．成層圏の一部にはオゾン O_3 を多く含む層が存在し，宇宙からくる有害な紫外線を遮断し，生命を保護する役割をもつ．近年，フロンによるオゾン層の破壊が問題になっている（7章参照）．

成層圏の外側には中間圏，熱圏があり，高度数百 km にまで及んでいる．

熱圏には電離層が存在する．電離層は地上からの電波を反射するので，さまざまな通信に利用されている．また，オーロラは電離層の上部からその外側にかけて発生する現象である．

大気の組成

大気の全質量の9割程度は対流圏が占めている．表1・5に地球大気のおもな組成を示した．窒素 N_2 が 78 %，酸素 O_2 が 21 %ほどであり，大気のほとんどを占めている．そのほか，アルゴン Ar，水蒸気 H_2O，二酸化炭素 CO_2 などがわずかに含まれている．

二酸化炭素は温室効果をもつ気体であり，地球の温度を暖かく保つ役割がある．その一方で，化石燃料の消費などによる人間活動のため，大気への放出量が年々増加し，地球温暖化の大きな原因となっている（7章参照）．

表1・5　地球大気の組成

気体	体積%
窒素 N_2	78.1
酸素 O_2	20.9
アルゴン Ar	0.93
二酸化炭素 CO_2	0.037

大きく変動する水蒸気を除いた比率で示した．

6. 水と地球

地球は水の惑星といえる．水によって，地球は美しい青色をたたえている．さらに，水は生命にとって最も大切な物質のひとつである．

水の存在量

地球の全質量に占める水の割合は，0.025 %にも満たない．しかし，地球の表面の70 %ほどは**海洋**であり，その深さは平均で 3800 m に達する．

表1・6は地球上に存在するおもな水の種類とその割合を表したものである．水のほとんどは海洋を構成する塩分の多い海水であり，塩分の少ない淡水は3 %に満たない．そして，淡水の大部分は氷として存在し，私たちの生活に関連のある河川や湖などは，わずかにすぎない．

表1・6　水の種類とその割合

種類	割合(%)
海洋	97.25
極氷, 氷河	2.05
地下水	0.68
湖沼	0.01
土壌水	0.005
大気中の水蒸気	0.001
河川	0.0001

水は状態を気体，液体，固体と変化させながら，地球表面を循環し，さまざまな物質を溶かし，運搬する役割を果たしている．

海水の組成

表1・7は海水に含まれる成分とその量である．食塩を構成する塩化物イオン Cl^- とナトリウムイオン Na^+ が多く含まれ．そのほかに，硫酸イオン SO_4^{2-}，マグネシウムイオン Mg^{2+} なども存在する．

表1・7 海水の化学組成

種類	存在量(%)
Cl^-	55
Na^+	31
SO_4^{2-}	7.7
Mg^{2+}	3.7
Ca^{2+}	1.2
K^+	1.1
Br^-	0.2

7. 生命と地球

地球上には，数え切れないほどの生命が存在している．地球は生命にとってかけがえのない環境である．そして，生命と地球環境は共に影響を与えながら変化している．

生命の誕生

地球上で生命が誕生したのは，およそ38億年前といわれている．生命誕生の舞台となったのは海洋であり，生命に必要な材料である有機物質をもとに，生命は形づくられた．このことを裏付けるものとして，私たちの体の中にはかなりの量の水が含まれていることと，生体と海水中に含まれる元素の組成が似ていることがあげられる．

原始地球の海で，水蒸気，窒素，一酸化炭素などの簡単な分子から，化学反応によってアミノ酸，核酸などの有機物質がつくられたと考えられている．

生命と地球は共に進化する

現在の地球は，生命と地球環境が共に進化しながら，長い年月をかけて形づくられたものである．地球上で生まれた生命は，その環境を利用して生きている．その一方で，生命も地球環境に影響を与え，その環境を支えている．

生命が地球環境に大きく影響を与えた例としては，図1・10に示した"光合成"による大気組成の変化があげられる．現在の地球の大気で窒素のつぎに多く含まれている酸素は，原始地球の大気にはほとんど存在しなかった．大気中に酸素が豊富に存在するようになったのは，およそ27億年前のシアノバクテリア（ラン藻）の出現をきっかけとして，その後誕生

原始地球の大気は水蒸気と二酸化炭素でほとんど占められていた．また，太陽系の同じ地球型惑星である金星や火星の大気はほとんどが二酸化炭素で占められている．

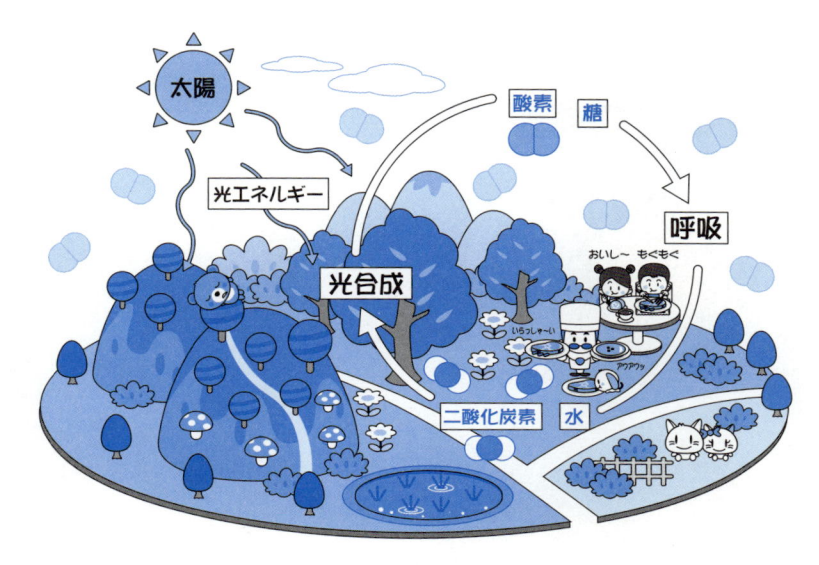

図 1・10 光合成と呼吸

図 1・10 に示すように，植物は太陽からの光エネルギーと大気中の二酸化炭素を用いて，有機物質（糖）を生産する．
その一方で，動物は呼吸によって，酸素を取入れ，植物のつくった有機物質を分解し，生きるためのエネルギーを得ている．

した多くの緑色植物の光合成により，二酸化炭素が吸収され，大気中に酸素が放出されたためである．そして，大気中の酸素の増加にともない，酸素を利用してエネルギーを得ることのできる生命がつぎつぎと誕生した．

地球環境とともに

現在，地球上には 60 億以上の人々が住んでいる．私たちが生きるための食糧を確保し，快適な生活を続けていくためには多くの物質が必要であり，それらを得るには，地球環境を利用するほかはない．

しかしながら，環境中に存在する資源には限りがある．私たちはこのような資源を有効に，そして持続的に利用できる方法を見つけなければならない．その一方で，私たちの活動は環境に大きな影響を及ぼし，さまざまな環境破壊をひき起こす原因となっている．このような問題の解決に対して，「化学」は大きな力を与えてくれるだろう．

II

化学物質と環境

2 化学物質って何だろう？

　私たちを取巻く環境は，さまざまな**化学物質**によって構成されている．広大な宇宙や緑豊かな地球環境，身のまわりにある生活必需品，さらにすべての生命も化学物質でできている．また，これまで人類は快適な生活をおくるために無数の化学物質をつくり出し，そして利用してきた．

　環境を化学的な視点から理解するためには，それら物質についての知識が必要となる．

II. 化学物質と環境

1. 原子の種類

原子の基本的な構造については 1 章を見てみよう．

地球上には，数え切れないほどの物質が存在する．そして，すべての物質は原子からなっている．原子の種類は 100 程度であるが，それらの組合わせによって，無数の物質をつくり出すことができる．

元素の周期表

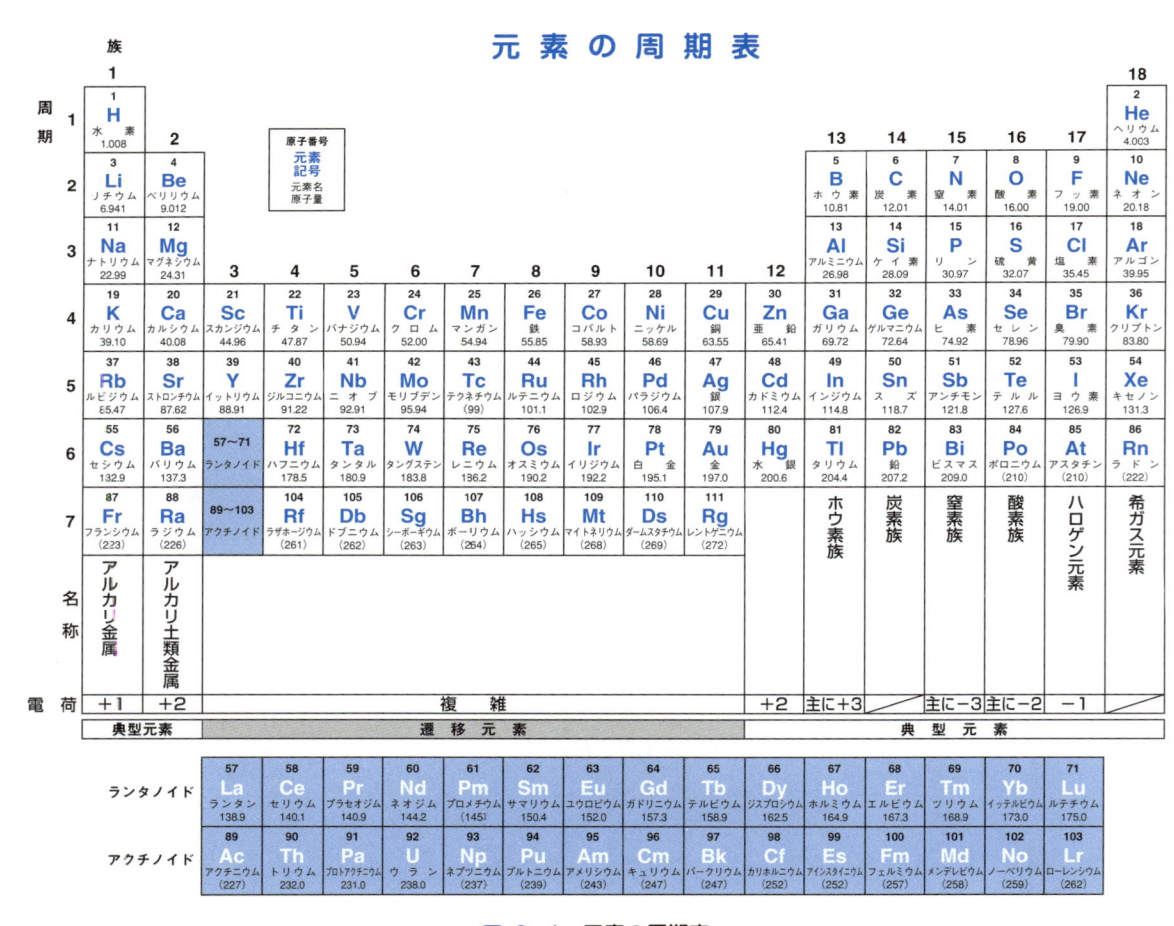

族周期	1	2	3	4	5	6	7	8	9	10	11	12	13	14	15	16	17	18
1	1 H 水素 1.008																	2 He ヘリウム 4.003
2	3 Li リチウム 6.941	4 Be ベリリウム 9.012											5 B ホウ素 10.81	6 C 炭素 12.01	7 N 窒素 14.01	8 O 酸素 16.00	9 F フッ素 19.00	10 Ne ネオン 20.18
3	11 Na ナトリウム 22.99	12 Mg マグネシウム 24.31											13 Al アルミニウム 26.98	14 Si ケイ素 28.09	15 P リン 30.97	16 S 硫黄 32.07	17 Cl 塩素 35.45	18 Ar アルゴン 39.95
4	19 K カリウム 39.10	20 Ca カルシウム 40.08	21 Sc スカンジウム 44.96	22 Ti チタン 47.87	23 V バナジウム 50.94	24 Cr クロム 52.00	25 Mn マンガン 54.94	26 Fe 鉄 55.85	27 Co コバルト 58.93	28 Ni ニッケル 58.69	29 Cu 銅 63.55	30 Zn 亜鉛 65.41	31 Ga ガリウム 69.72	32 Ge ゲルマニウム 72.64	33 As ヒ素 74.92	34 Se セレン 78.96	35 Br 臭素 79.90	36 Kr クリプトン 83.80
5	37 Rb ルビジウム 85.47	38 Sr ストロンチウム 87.62	39 Y イットリウム 88.91	40 Zr ジルコニウム 91.22	41 Nb ニオブ 92.91	42 Mo モリブデン 95.94	43 Tc テクネチウム (99)	44 Ru ルテニウム 101.1	45 Rh ロジウム 102.9	46 Pd パラジウム 106.4	47 Ag 銀 107.9	48 Cd カドミウム 112.4	49 In インジウム 114.8	50 Sn スズ 118.7	51 Sb アンチモン 121.8	52 Te テル 127.6	53 I ヨウ素 126.9	54 Xe キセノン 131.3
6	55 Cs セシウム 132.9	56 Ba バリウム 137.3	57～71 ランタノイド	72 Hf ハフニウム 178.5	73 Ta タンタル 180.9	74 W タングステン 183.8	75 Re レニウム 186.2	76 Os オスミウム 190.2	77 Ir イリジウム 192.2	78 Pt 白金 195.1	79 Au 金 197.0	80 Hg 水銀 200.6	81 Tl タリウム 204.4	82 Pb 鉛 207.2	83 Bi ビスマス 209.0	84 Po ポロニウム (210)	85 At アスタチン (210)	86 Rn ラドン (222)
7	87 Fr フランシウム (223)	88 Ra ラジウム (226)	89～103 アクチノイド	104 Rf ラザホージウム (261)	105 Db ドブニウム (262)	106 Sg シーボーギウム (263)	107 Bh ボーリウム (264)	108 Hs ハッシウム (265)	109 Mt マイトネリウム (268)	110 Ds ダームスタチウム (269)	111 Rg レントゲニウム (272)		ホウ素族	炭素族	窒素族	酸素族	ハロゲン元素	希ガス元素
名称	アルカリ金属	アルカリ土類金属																
電荷	+1	+2			複雑							+2	主に+3		主に-3	主に-2	-1	
	典型元素		遷移元素										典型元素					

	57 La ランタン 138.9	58 Ce セリウム 140.1	59 Pr プラセオジム 140.9	60 Nd ネオジム 144.2	61 Pm プロメチウム (145)	62 Sm サマリウム 150.4	63 Eu ユウロピウム 152.0	64 Gd ガドリニウム 157.3	65 Tb テルビウム 158.9	66 Dy ジスプロシウム 162.5	67 Ho ホルミウム 164.9	68 Er エルビウム 167.3	69 Tm ツリウム 168.9	70 Yb イッテルビウム 173.0	71 Lu ルテチウム 175.0
ランタノイド															
アクチノイド	89 Ac アクチニウム (227)	90 Th トリウム 232.0	91 Pa プロトアクチニウム 231.0	92 U ウラン 238.0	93 Np ネプツニウム (237)	94 Pu プルトニウム (239)	95 Am アメリシウム (243)	96 Cm キュリウム (247)	97 Bk バークリウム (247)	98 Cf カリホルニウム (252)	99 Es アインスタイニウム (252)	100 Fm フェルミウム (257)	101 Md メンデレビウム (258)	102 No ノーベリウム (259)	103 Lr ローレンシウム (262)

図 2・1 元素の周期表

原子の種類と周期表

まず，原子の種類について見てみよう．図 2・1 には，現在までに発見された原子が掲載されている．その数は 100 以上にのぼり，それぞれに名前が付けられ，元素記号で表されている．

原子を原子番号の順に並べると，性質の似たものが周期的に現れる．これらを表にしてまとめたものが，図 2・1 に示した元素の**周期表**である．

周期表の横の 1 から 7 までの段を**周期**といい，縦の 1 から 18 までの列を**族**という．

同じ族の元素は似た性質を示す．たとえば，18 族は"希ガス元素"とよばれ，常温，常圧で無色，無臭の気体であり，反応性に乏しい．また，水素を除く 1 族は"アルカリ金属"とよばれ，軟らかい金属であり，激しい反応性をもつ．

一方，同じ周期の元素は通常似たような性質を示さない．

原子の質量は，炭素の同位体 ^{12}C の質量を 12 と定義して，決めたものである．これを**相対原子質量**という．ほとんどの原子には同位体が存在するので，さらに以下のような方法で相対原子質量の荷重平均を求める．たとえば表 1・1 に示したように，塩素の同位体の存在度は ^{35}Cl が約 76 %，^{37}Cl が約 24 % である．したがって，塩素原子の荷重平均は，

$$35 \times 0.76 + 37 \times 0.24 = 35.5$$

となる．この値が図 2・1 の周期表に示した**原子量**である．

1，2 族と 12 族から 18 族までの元素を**典型元素**，それ以外の族の元素は**遷移元素**という．典型元素は常温・常圧で気体，液体，固体とさまざまな状態で存在し，金属，非金属，そして中間の性質を示すものがある．一方，遷移元素はすべて固体の金属である．
同じ周期の典型元素の性質はそれぞれ異なるが，遷移元素では比較的似た性質をもつ．

原子の数え方

物質は莫大な数の原子からできている．このような原子の数を扱うには，**モル**を使うと便利である．

鉛筆は 12 本をまとめて 1 ダースとして数える．原子や分子でも同様に考えればよい．すなわち，6×10^{23} 個の原子を 1 モルと定義する．そうすれば，水素原子 1 モル（6×10^{23} 個の水素原子）の質量は 1 g，炭素原子 1 モルは 12 g，ウラン原子 1 モルは 238 g というように，1 モルの原子の質量は，周期表に示した原子量に g（グラム）を付けた値になる．

1 ダース＝12 本　　1 モル＝6×10^{23} 個

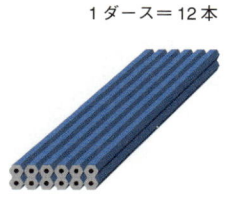

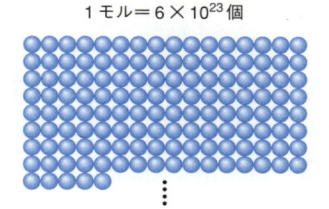

2. 化 学 結 合

原子が集まることで，分子がつくられる．分子を構成する原子は互いに**化学結合**で結ばれている．ここでは，化学結合にはどのようなものがあるのかを見てみよう．

イオン結合

プラスの電荷とマイナスの電荷の間には，静電的な引力が働く（図2・2a）．

原子は，原子核のプラス電荷とそのまわりにある電子のマイナス電荷がつり合っているため，電気的に中性である．

ところが，この状態から電子を1個取除くと，プラス電荷のほうがマイナス電荷よりも多くなり，原子は+1の電荷をもつことになる．これを**陽イオン**（**カチオン**）という．たとえば，ナトリウム原子 Na から電子が1個取れると，ナトリウムイオン Na^+ となる．

一方，電子が1個加わると，マイナス電荷のほうがプラス電荷よりも多くなり，原子は−1の電荷をもつことになる．これを**陰イオン**（**アニオン**）という．たとえば，塩素原子 Cl に電子が1個加わると，塩化物イオン Cl^- となる．

このようなプラスの電荷をもつ陽イオンとマイナスの電荷をもつ陰イオンの間にも静電的な引力が働き，**イオン結合**を形成する．イオン結合によってつくられた物質の代表的なものとして，塩化ナトリウム（食塩）NaCl があげられる．図2・2(b) に見るように，Na^+ と Cl^- が三次元的に整然と積み重なることで，塩化ナトリウムができあがる．このように原子が規則的に積み重なってできた物質を**結晶**という．

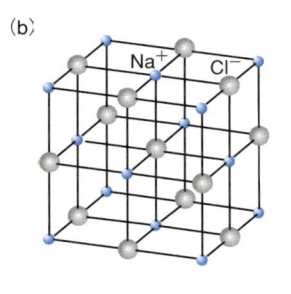

共有結合

原子同士が互いに電子を出し合ってつくる結合を**共有結合**という．多くの化学物質は共有結合によってつくられている．

たとえば，水素分子 H_2 は，2個の水素原子 H が互いに1個ずつの電子

図2・2　静電引力(a)および塩化ナトリウムの構造(b)

を出し合って結合してできたものである．このような共有結合は原子の握手にたとえることができる．水素分子は2個の水素原子がそれぞれ1本の手を差し出して握手することでつくられたものである（図2・3）．このような手を**結合手**という．

図2・3 水素分子の生成

表2・1に示したように，原子によって結合手の数は異なっている．酸素は2本，窒素は3本，炭素は4本の結合手をもつ．

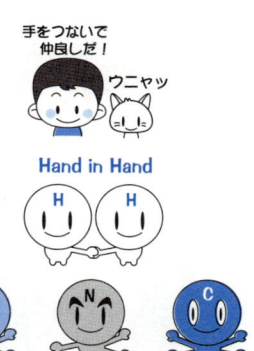

表2・1 原子の結合手の数

原　子	H	C	N	O
結合手の数	1	4	3	2

3. 分子のプロフィール

分子には同じ原子2個からできた単純なものから，何種類もの原子がいくつも集まってできた複雑なものまで，さまざまな種類がある．ここでは，分子のプロフィールを知るための約束事について見てみよう．

分子式

分子が，どのような原子からできているかを表す記号を**分子式**という（表2・2）．たとえば，水の分子式は H_2O である．これは水分子が2個の水素原子Hと1個の酸素原子Oからできていることを表す．

表2・2 分子の表記と性質

名　称	分子式	分子量	構造式	沸点（℃）	融点（℃）
水　素	H_2	2	H—H	−253	−260
酸　素	O_2	32	O=O	−183	−219
窒　素	N_2	28	N≡N	−196	−210
水	H_2O	18	H—O—H	100	0
メタン	CH_4	16	H—C—H (H上下)	−161	−182

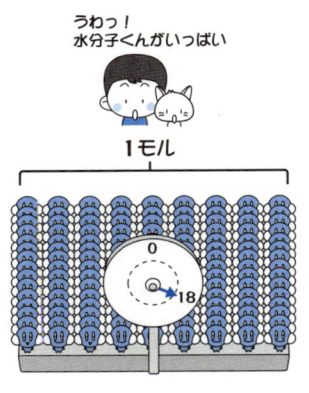

分子量

分子量は分子の質量を表したものであり，分子を構成する原子の原子量をすべて足し合わした数値が分子量である．たとえば，水素分子 H_2 の分子量は，水素原子 H の原子量 1 の 2 倍で 2 となる．水 H_2O の分子量は水素原子の原子量 1 の 2 倍の 2 と酸素原子の原子量 16 を足して 18 となる．したがって，1 モル（$6×10^{23}$ 個）の水分子の質量は分子量に g（グラム）を付けた値で，18 g となる．

構造式

分子を構成する原子が，どのような順序で結合しているかを表すものを**構造式**という（表 2・2）．各原子の結合手の本数がわかれば，分子中の原子がどのような順序で結合しているかを明らかにできる．

特に，4 本の結合手をもつ炭素原子を含んだ有機分子（後述）には複雑なものが多いので，構造式はこれらの分子の構造を知るのに便利である．

4. 簡単な構造をもつ分子

身のまわりには，さまざまな構造の分子が存在している．ここでは基本的な分子の構造について見てみよう．

二原子分子

最も単純な分子は，水素分子のように同じ原子が 2 個結合してできたものである．

空気を構成する酸素分子や窒素分子も同様である（図 2・4）．酸素分子では，結合を構成する両方の酸素原子が 2 本ずつの結合手を差し出し合って握手する．このような結合を**二重結合**という．同様に，窒素分子では 3 本ずつの手を差し出し合っており，これを**三重結合**という．それに対して，水素分子のように，1 本の手でできた結合を**単結合**という．

同じ原子によって分子ができた場合，分子中の結合は単結合 < 二重結合 < 三重結合の順に強い結合となり，それに伴って原子間の距離（結合距離）は短くなる．

塩化水素 HCl，一酸化炭素 CO のように，互いに異なる 2 個の原子からなる分子もある．

2. 化学物質って何だろう？　27

単結合は1本の線，二重結合は二重線，三重結合は三重線で表す．

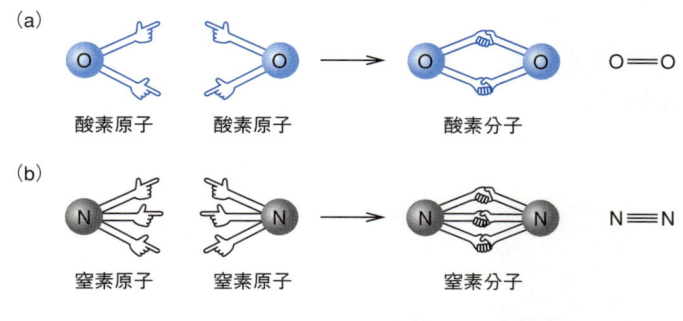

図 2・4　酸素分子(a)および窒素分子(b)の生成

三原子分子

3個の原子からできた分子には，水，二酸化炭素，オゾンなどがある（図2・5）．

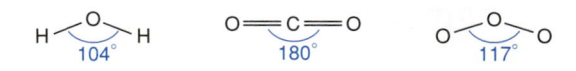

図 2・5　三原子分子の例

水 H_2O は，中央の酸素原子が2本の手を使って，水素原子と結合し，折れ曲がった形をしている．水分子では酸素がマイナス，水素がプラスに荷電している（図2・6a）．このような分子を"極性分子"という．極性分子のプラスの部分とマイナスの部分の間には静電的な引力が働く．このような引力を**水素結合**という．

水素結合によって，液体の水は数個の水分子が集まった状態で存在している（図2・6b）．また，固体である氷では，水素結合によって水分子が三次元の規則的な構造を形成している（図2・6c）．

二酸化炭素 CO_2 を構成する炭素の結合手は4本である．炭素は両方の酸素原子と2本ずつの手を使って結合している．このため，CとOとの結合は二重結合となる．二酸化炭素は直線形の分子である．

オゾン O_3 は，3個の酸素原子が特殊な共有結合をもつ折れ線形の分子である．

水分子を構成している酸素原子と水素原子では，電子を引き付ける度合いが異なるために，極性を生じる．酸素のほうが水素よりも強く電子を引き付けるので，酸素がマイナス，水素がプラスに荷電する．

表2・2に見るように，水は分子量がほぼ同じメタンなどに比べて，沸点や融点が異常に高い．これは，水分子間中に働く水素結合のためであり，水素結合を切断するのに，より多くのエネルギーが必要となるからである．

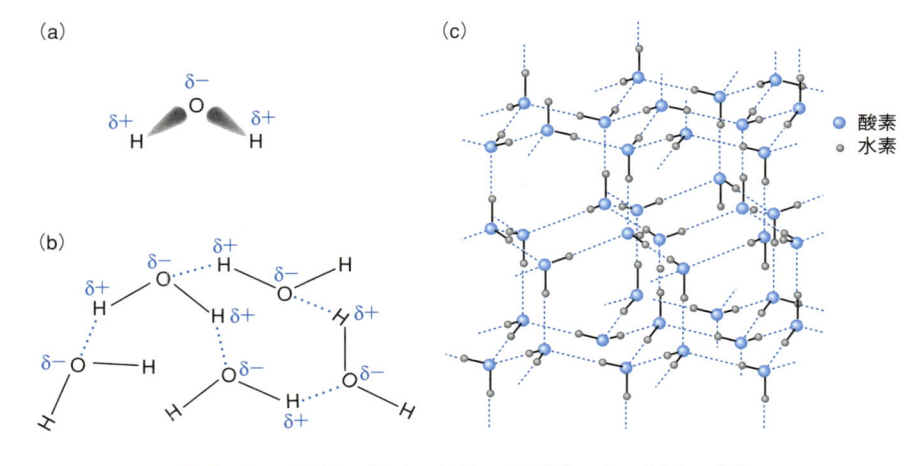

図 2・6　水分子．(a)水の極性，(b)液体の水，(c)氷の構造

5. 有機分子ってどのようなもの

炭素を含んだ分子のうち，二酸化炭素などの簡単な構造の分子を除いたものを**有機分子**という．有機分子を構成する結合は，ほとんどすべてが共有結合である．

有機分子の姿

表2・3には，代表的な有機分子の名前と構造式を示した．有機分子は，人間と同じように"顔"と"体"に分けてみると理解しやすい．最も簡単な有機分子であるメタン CH_4 の水素原子 H 一つをヒドロキシ基 OH で置き換えてみる．そうすると，CH_3OH という分子ができあがる．この分子はメタノールといって，アルコールの一種である．ここでは CH_3 部分が"体"，OH 部分が"顔"に相当する（図2・7）．

有機分子の"体"にあたる部分を**基本骨格**，"顔"にあたる部分を**置換基**という．置換基のうちで，特に分子の性質を大きく変えるものを**官能基**という．代表的な官能基を表2・4に示した．

さらに有機分子では，これらの"顔"と"体"を取替えることができる．

2. 化学物質って何だろう？

表 2・3 代表的な有機分子の例

名称	分子式	構造式	名称	示性式	構造式
メタン	CH_4	H–C(H)(H)–H	メタノール	CH_3OH	H–C(H)(H)–OH
エタン	C_2H_6	H–C(H)(H)–C(H)(H)–H	エタノール	C_2H_5OH	H–C(H)(H)–C(H)(H)–OH
エチレン (エテン)	C_2H_4	H₂C=CH₂	ホルムアルデヒド	$HCHO$	H–C(=O)–H
ベンゼン	C_6H_6	⬡ , ⌬	酢酸	CH_3COOH	H–C(H)(H)–C(=O)–OH

官能基に注目して分子式を書き直したものが示性式である（表 2・3 参照）．示性式を使うと，分子の種類をより明確に知ることができる．

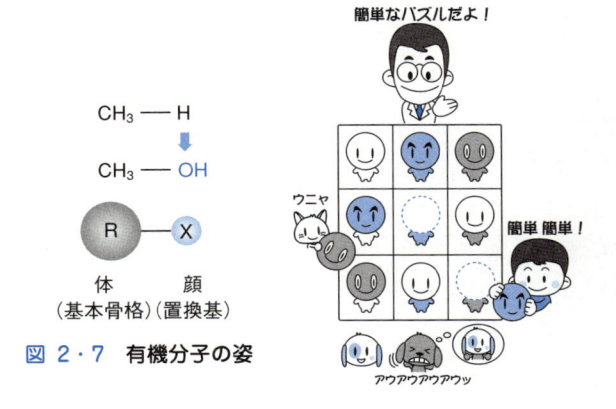

図 2・7 有機分子の姿

$CH_3 – H$
$CH_3 – OH$

R – X
体　　　顔
（基本骨格）（置換基）

表 2・4 代表的な官能基

官能基	名称	一般名
–OH	ヒドロキシ基	アルコール
–C(=O)H	ホルミル基	アルデヒド
–C(=O)OH	カルボキシ基	カルボン酸
>C=O	カルボニル基	ケトン
–NH₂	アミノ基	アミン
–NO₂	ニトロ基	ニトロ化合物

そのため，数多くの種類とさまざまな性質をもった有機分子が存在する．以下に，どのような有機分子があるのかを簡単に見てみよう．

炭化水素

炭素と水素のみからできた有機分子を**炭化水素**という．メタン CH_4 は

"メタン"は天然ガスの主成分である．また，メタンを生産する菌などにより環境中に放出される．これらの菌を利用して生ゴミからメタンガスを発生させて燃料にするゴミ発電や，海底に存在するメタンハイドレートは，新しいエネルギー源として注目されている（8章参照）．

"エチレン"は植物の熟成を促す物質である．また，毎日の生活には欠かせない袋，ラップ，容器などの素材となるポリエチレンの原料であり（後述），さまざまな化学工業製品の原料となっている．

最も基本的な炭化水素であり，中心の炭素原子に4個の水素原子が単結合で結ばれてできたものである．メタンは正四面体の形をしている（図2・8a）．そのほか，単結合だけで構成されているものに，エタン C_2H_6，プロパン C_3H_8 などがある．

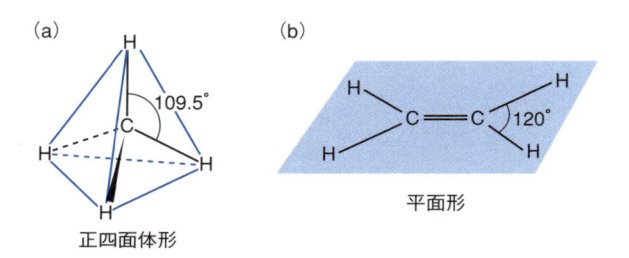

(a) 正四面体形　109.5°

(b) 平面形　120°

図2・8　メタン(a)およびエチレン(b)の構造

一方，二重結合を含む基本的な分子としては，エチレン（エテン） C_2H_4 がある．エチレンでは，炭素原子同士が二重結合で結ばれており，構成原子すべてが同一平面上に存在している（図2・8b）．

アルコール

炭化水素の水素原子の一つがヒドロキシ基−OH に置き換わった分子を**アルコール**という．メタン CH_4 の水素原子1個を OH 基で置き換えたものがメタノール CH_3OH であり，エタン C_2H_6 の水素原子1個を OH 基で置き換えたものがエタノール C_2H_5OH である．

エタノールはお酒の成分である．一方，メタノールは毒性が高い．

アルデヒド

炭化水素の1個の炭素から2個の水素が取れると，炭素の結合手が2本余る．これらを使って，酸素との間に二重結合（C=O）をつくることができる．このような化合物を一般に**アルデヒド**という．

メタンから導かれるものをホルムアルデヒド $HCHO$，エタンから導かれるものをアセトアルデヒド CH_3CHO という．

ホルムアルデヒドはシックハウス症候群の原因となる物質の一つである（3章参照）．

カルボン酸

アルデヒドの水素の1個をヒドロキシ基−OH に置き換えたものを，一

般に**カルボン酸**という．

　ホルムアルデヒドから導かれるものをギ酸 HCOOH，アセトアルデヒドから導かれるものを酢酸 CH_3COOH という．

酢は酢酸の 3 ％程度の水溶液である．

芳香族化合物

　ベンゼンは 6 個の炭素と 6 個の水素からなる六角形の形をした環状化合物である（表 2・3 参照）．ベンゼンの構造式を見ると，炭素原子間では単結合と二重結合が交互に並んでいる．しかし，実際には 6 本の結合はすべて等しく，単結合と二重結合の中間的な性質をもつ．

　ベンゼン環を構成要素とする化合物にはさまざまな種類のものがあり，**芳香族化合物**とよばれている．

6 本の結合がすべて等しいことを反映させて構造式を書くと，表 2・3 の右のようになる．

3 章以降で，いくつかの芳香族化合物が登場する．

6. 高分子ってどのようなもの

　私たちの身のまわりにある生活必需品のほとんどは，高分子からできている．高分子の種類には，繊維，プラスチック，ゴムなどがある．さらには，私たち自身も高分子からできている．ここでは高分子の基本的な構造について簡単に見てみよう．

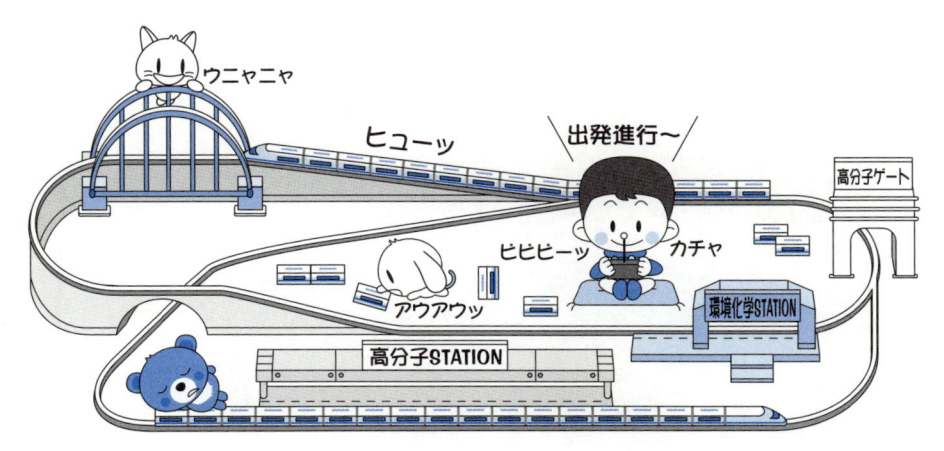

高分子のイメージ

高分子の基本的な構造

　高分子とは，小さな分子が基本単位となって，何千，何万個と結合してできた巨大分子のことをいう．これは，何台もの貨車がつながって非常に長い列車ができたようなものである．

　図2・9には，最も基本的な高分子であるポリエチレンを示した．ポリエチレンは，エチレンという小さな分子がたくさん集まって結合してできた巨大分子である．

> 生命を構成する高分子に，核酸（DNAなど），タンパク質，糖質などがある．

> ポリエチレンという名前はポリ＋エチレンからきている．ポリはラテン語でたくさんという意味の数詞であり，エチレンは有機分子の名前である．すなわち，ポリエチレンは，"エチレンがたくさん集まったもの"という意味をもつ．

> 身のまわりで見られる高分子については，3章を見てみよう．

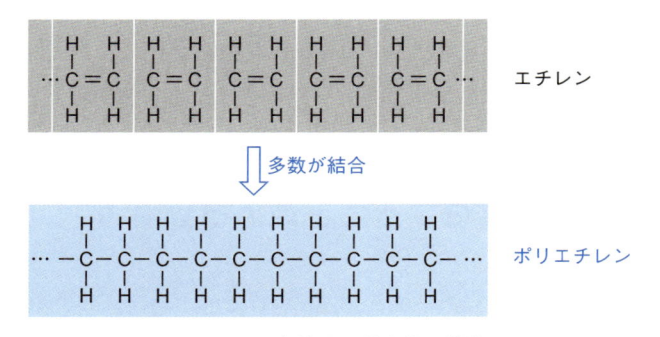

図 2・9　高分子の基本的な構造

　ポリエチレンはレジ袋，食品などを包むラップ，各種容器などのほか，漁網，つり糸などの高強度繊維としても利用されている．

3 生活の中の化学物質

　これまで，私たちは無数の化学物質をつくり出してきた．これらの化学物質のおかげで，私たちは毎日の生活をおくることができる．しかし，化学物質はさまざまな恩恵を与えてくれる一方で，環境や生命に対して良くない影響を与えるという二面性をもっている．

　ここでは，私たちの生活に関連する化学物質の中から，環境や生命にとって特に重要であるものを取上げる．

化学物質の二面性

1. 身のまわりの化学物質

私たちの身のまわりは，数え切れないほどの化学物質であふれている．家の中でも特にキッチンには，さまざまな種類の化学物質が存在している．

プラスチック

キッチンには，多くのプラスチック製品が存在する．食品を保存する容器や包装用のラップ，家電製品などはプラスチックでできている．

プラスチックは，2章で見た高分子とよばれる物質である．

カップめんの容器や食品用トレイなどは，ポリスチレンとよばれる高分子でつくられている．ポリスチレンはスチレン分子が数多く繰返しつながってできたものである（図3・1a）．

飲料水の容器に使われているペットボトルは，ポリエチレンテレフタレート（PET）という高分子でつくられている．PETはテレフタル酸とエチレングリコールから水分子がとれてできた単位が数多く繰返しつながってできている（図3・1b）．

PETは衣料品の素材となるポリエステル繊維としても利用されている．

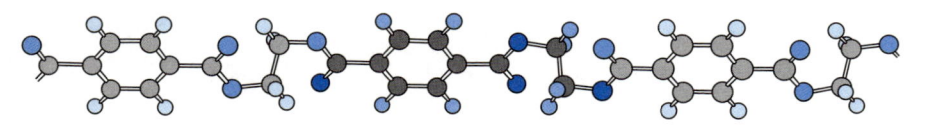

図 3・1　ポリスチレンおよびポリエチレンテレフタレートの構造．●炭素，●水素，●酸素

プラスチックは自然環境に放置されても安定であり分解しないため，廃棄されたプラスチックの処理が大きな社会問題となっている．このような問題を解決するために，プラスチックのリサイクルや環境中で分解されるプラスチック（生分解性プラスチック）の開発などが行われている．

また，プラスチックに混入される可塑剤などの添加物や未反応の原料，さらにはプラスチックを燃やす際に発生する化学物質の中には生命に悪影響を及ぼすものもある（後述）．

リサイクルや生分解性プラスチックについては，9章を見てみよう．

合成洗剤

食器洗いや洗濯に使われる合成洗剤は，1分子中に水に溶ける親水性の部分と水に溶けない疎水性（油に溶ける親油性）の部分をもつ**界面活性剤**とよばれる物質が主成分となっている．図3・2(a)には現在，キッチン用洗剤やシャンプーなどに使用される合成洗剤の例を示した．

(a) $C_nH_{2n+1}OSO_3^-Na^+$　$n = 10 \sim 18$
疎水性　親水性

(b)

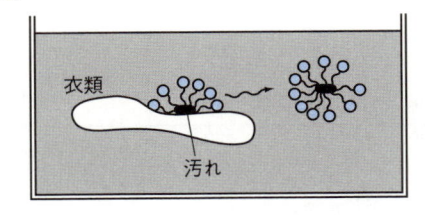

図 3・2　合成洗剤および洗浄のしくみ

洗浄のしくみを図3・2(b)に示した．界面活性剤の疎水性部分が食器や衣服の汚れ（油）を取囲むことで，球状の集団を形成する．この集団の外側は親水性になっているので，汚れを内部に取込んだまま水に溶けることができる．つまり，洗剤を使えば，水に溶けにくい汚れを溶かすことによって取除くことができるのである．

かつての合成洗剤は環境中に排出されても分解されずに残るため，河川や湖沼などが泡立つなどの環境汚染を引き起こした．このため現在では，

界面活性剤は両親媒性分子の代表的なものであり，両親媒の"媒"は溶媒（溶かすもの），"親"は親しむ（溶ける）という意味である．つまり，両親媒性分子は両方の溶媒である，水にも油にも溶ける性質をもつ．

洗剤に使われる界面活性剤には，さまざまなものがある．図3・2(a)に示したものは，アルキル硫酸エステルナトリウム（AS）とよばれ，環境中でほとんど分解され，皮膚刺激性も少ない．そのため，皮膚に直接接触する洗剤に利用されている．

かつては，洗剤の泡立ちを良くするために，リン酸塩が添加されていた．リンは湖沼・内海などの富栄養化をもたらし，赤潮などの発生の原因となった（5章参照）．現在では，リンを含まない洗剤が普及している．

環境中に排出されても容易に分解でき，人体に影響の少ない洗剤の開発が進められている．

2. 健康と化学物質

私たちの健康を維持するために，さまざまな化学物質が使われている．ここでは，食品添加物と医薬品について見てみよう．

食品添加物

私たちは毎日さまざまな食べ物を取入れて，明日への活力を養っている．これらの食べ物にも，さまざまな目的で化学物質が加えられている．このような化学物質を**食品添加物**という（表3・1）．これらの食品添加物は人工的につくり出されたものと，天然から取出されたものがある．その種類には，1) 食品を製造したり，加工したりする際に必要なもの，2) 食品の保存性を向上させ，病原菌などの汚染を防ぐもの，3) 味や香り，色をつけるもの，4) 栄養成分を強化するもの，などがある．

以上のような食品添加物のおかげで，私たちは豊かな食生活を楽しむことができる．

わが国では，食品添加物は厚生労働大臣が安全性を確認して指定した"指定添加物"（天然添加物も含む）と，すでに使用実績が認められている天然添加物（既存添加物，天然香料，一般飲食物添加物）に分類される．現在，食品添加物の数は1500以上にものぼる．

表 3・1 食品添加物の種類と用途

種　類	用　途	代表的な添加物
着色料	食品を着色する	タール系色素，天然着色料
発色剤	肉類の紅鮮色を保つ	亜硝酸ナトリウム，硝酸ナトリウム
調味料	食品にうま味を与える	L-グルタミン酸ナトリウム
甘味料	食品に甘味を与える	サッカリン，D-ソルビトール，アスパルテーム
酸味料	食品に酸味を与える	クエン酸
保存料	カビや細菌などの発育を抑制し食品の保存性を高める	安息香酸エステル，ソルビン酸カリウム
殺菌剤	食品や飲料水を殺菌する	過酸化水素，次亜塩素酸ナトリウム
防カビ剤	かんきつ類などのカビを防止する	オルトフェニルフェノール，ジフェニル
酸化防止剤	油脂などの酸化を防止する	ビタミンE，EDTA，エリソルビン酸ブチルヒドロキシトルエン
乳化剤	水と油を均一に混合する	グリセリン脂肪酸エステル
強化剤	食品の栄養を強化する	ビタミン類，炭酸カルシウム，アミノ酸類

食の安全

　食品添加物の安全性はさまざまな試験によって確認されている．しかし，人体に対して有害であることが疑われている食品添加物も存在する．このため，食品添加物は対象となる食品とその使用量が厳密に定められている．

　図3・3(a)に，食品添加物のうちで発がん性をもつものの例を示した．レモンやオレンジなどの防カビ剤であるオルトフェニルフェノール，殺菌剤である過酸化水素 H_2O_2，酸化防止剤であるブチルヒドロキシアニソールなどは，発がん性が確認されている．また，発色剤や食中毒防止に使用されている亜硝酸ナトリウム $NaNO_2$ はそれ自身には発がん性はないが，肉や魚のタンパク質中に含まれる特定の物質と結合すると，ニトロソアミンという発がん物質を生じる．

　また，食品自体にも発がん物質が含まれている（図3・3b）．例として，ワラビに含まれるプタキロサイドや穀類のカビに含まれるアフラトキシン，肉や魚の焦げた部分に存在するヘテロサイクリックアミンや燃焼するときに生じるベンゾピレンがあげられる．

　以上のような化学物質はたとえ微量でも長期間摂取し続ければ，人体に何らかの影響を及ぼす可能性がある．私たちは健康を守るために，食品に

食品添加物の安全性は実験動物を対象に試験され，その結果をもとに，ヒトに対する1日の許容摂取量が決められる（コラム「毒性の指標」参照）．

ビタミンCはニトロソアミンの発生を抑える働きがある．プタキロサイドはあく抜きによって，ほとんど完全に分解する．

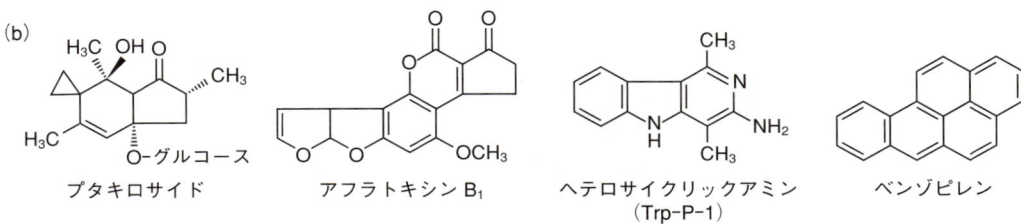

図 3・3　食品中に含まれる発がん物質の例

ペニシリンには細菌の細胞膜の合成を阻止する働きがある.

最近では,バンコマイシンに耐性のある腸球菌 VRE や黄色ブドウ球菌 VRSA,メチシリンに耐性のある黄色ブドウ球菌 MRSA,ほとんどの抗生物質が効かない多剤耐性緑膿菌などが出現している.特にこれらの院内感染は医療現場にとって深刻な問題である.

はどのような化学物質が含まれ,その与える影響などについて,正しい知識をもち,バランスのとれた食生活を行うことが大切である.

医 薬 品

ここでは,病気の治療や予防に用いられる医薬品について見てみよう.私たちになじみ深いものとしては,解熱鎮痛剤であるアセチルサリチル酸(商品名アスピリン)と筋肉消炎剤であるサリチル酸メチルがある.これらはサリチル酸という化学物質からつくられる(図3・4a).

抗生物質は病気の原因となる細菌などの微生物の生育を阻止したり,殺したりする薬剤である.世界最初の抗生物質はアオカビから発見されたペニシリンである(図3・4b).現在は,微生物由来のものと人工的につくられたものをあわせて,100種類以上の抗生物質が存在する.

現在,医療現場では抗生物質が頻繁に使われているが,逆にそのことによって抗生物質の効かない耐性菌が出現し,大きな問題となっている.このため,さらに新しい抗生物質が開発される.しかしまた,その抗生物質

図 3・4 医薬品の例

3. 有害な有機化合物

　私たちは便利で快適な生活をおくるために，多くの化学物質を人工的につくり出してきた．しかし，天然物とは違って，人工的につくり出された

シックハウス症候群

　シックハウス症候群は化学物質過敏症の一種であり，室内の空気が化学物質によって汚染されることで引き起こされ，頭痛，めまい，吐き気，呼吸器疾患など，さまざまな症状をもたらす．

　シックハウス症候群の原因となる化学物質は，建材や家具に含まれている揮発性の化学物質である．その原因物質のひとつに，ホルムアルデヒド HCHO があげられる．ホルムアルデヒドは合成樹脂の原料，あるいは家具，ベニヤ板などの接着剤の原料に用いられる．

　シックハウス症候群から身を守るためには，原因となる化学物質を使わない建材でつくられた家に住む，これらの物質を含む家具や生活用品を室内に持ち込まない，あるいは新築の場合には，しばらく待ってから入居するなどの対策が必要となる．図1は新築家屋内のホルムアルデヒドの量である．WHO（世界保健機関）の許容基準に下がるまでには数年ほどかかることがわかる．また，室内の換気を良くすることもシックハウス症候群対策にとって重要である．

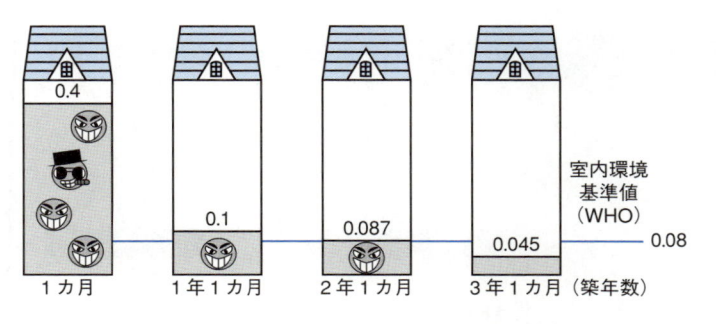

図1　住宅の築年数とホルムアルデヒド濃度. 数字の単位は ppm

（1カ月：0.4，1年1カ月：0.1，2年1カ月：0.087，3年1カ月：0.045，室内環境基準値（WHO）：0.08）

化学物質は環境中で分解しにくいものが多く，これらの汚染による健康被害などが大きな社会問題となってきた．ここでは，環境や生命にとって有害な有機化合物について見てみよう．

農薬

農薬は，農作物などに被害を与える昆虫，雑草，病原菌などを駆除するために使われる化学物質である．殺虫剤，除草剤，殺菌剤などが代表的なものであり，化合物として分類すると，有機塩素系，有機リン系，カルバメート系などがある．有機リン系農薬は分解されやすいが，有機塩素系農薬は分解されにくく，土壌中に数年間は残留するという特徴がある．そのため有機塩素系農薬は，食物連鎖を通じて人体に濃縮され，長期にわたり健康被害をもたらす可能性がある．

> 食物連鎖については 5 章でふれる．

> DDT：p,p'-ジクロロジフェニルトリクロロエタン

図 3・5 には有機塩素系の DDT と BHC（ベンゼンヘキサクロリド），有機リン系のパラチオンの化学構造を示した．いずれも現在は，その使用が禁止されている．DDT は農薬のみならず，戦後は伝染病予防のために，シラミやノミなどの駆除にも日常的に使用されたが，その有害性が明らかになり，わが国では 1971 年に BHC とともに使用が禁止となった．

> パラチオンは 1969 年に使用禁止されている．

現在では，毒性が強く，残留性の高い塩素系のものは姿を消し，カルバメート系などに取って代わられ，より安全性の高い農薬の開発が進められている．さらに最近では，病害虫や雑草の"天敵"となる生物を利用して防除に当たる生物農薬が見直されている．

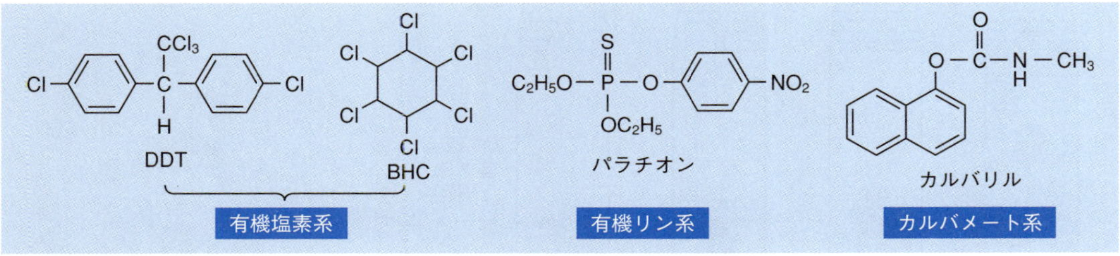

図 3・5　代表的な農薬

ＰＣＢ

　PCB（ポリ塩素化ビフェニル）は 2 個のベンゼン環がつながった分子（ビフェニル）の水素が何個か塩素原子に置き換わったものである（図3・6）．電気絶縁性，耐熱性，耐薬品性などにすぐれた物質であり，変圧器などの電気絶縁油，工場の熱媒体，溶剤などとして大量に利用された．PCB は分解しにくく，脂肪組織に蓄積するため，体内への残留性が高い．

　食用油に混入した PCB を摂取したために，皮膚の異常や肝臓障害など

図 3・6　PCB

$m + n = 1 \sim 10$

神経毒とサリン

　有機リン系農薬の急性中毒は，神経における情報伝達の阻害が原因となって起こる．神経細胞中を移動した情報は，神経末端にあるシナプスという小さな隙間を通じて，別の神経細胞に伝達される．

　その情報伝達を担うものに，アセチルコリンという化学物質がある．図1に示すように，情報が神経末端に到達すると，アセチルコリンが放出され，シナプスの小さな隙間を移動し，筋肉上にあるアセチルコリン受容体と結合する．その結果，筋肉は刺激を受け，収縮する．しかし，アセチルコリンがいつまでも結合していると，筋肉は興奮したままになり，正常に働かなくなる．そのため，アセチルコリンエステラーゼという酵素により，アセチルコリンが分解され，興奮が抑えられる．

　有機リン系農薬はアセチルコリンエステラーゼと結合して，その働きを阻害する．その結果，神経の興奮が続き，麻痺状態になり，呼吸障害などを引き起こし，死に至ることもある．

　地下鉄サリン事件などに用いられたサリンも有機リン系の化合物であり，同様の作用によって強い毒性を発揮する．サリンは第二次世界大戦の直前にヒトラー率いるナチスにより開発された神経毒ガスである．

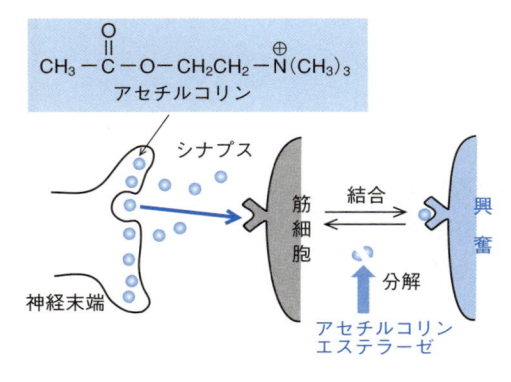

$CH_3-\overset{\overset{O}{\|}}{C}-O-CH_2CH_2-\overset{\oplus}{N}(CH_3)_3$
アセチルコリン

図 1　シナプスでの情報伝達

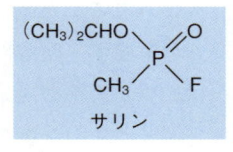

サリン

　サリンをはじめとする神経毒ガスは，現在，生物化学兵器として恐れられている．

の健康被害が発生した（カネミ油症事件）．そのため，PCB は 1972 年に製造禁止となっている．現在では，この健康被害をもたらした物質は PCB ではなく，それに含まれるダイオキシンの一種ではないかといわれている．

ダイオキシン

ダイオキシン類は大きく 3 種類に分けられ，塩素の個数と位置の違いによってさまざまなものが存在し，その毒性も異なる（図 3・7）．最も毒性の強いのは，PCDD のうちで 4 個の塩素が 2,3,7,8 の位置に入ったものであり，合成化学物質のなかでも最強のひとつといわれる．また，PCB の一種であり，平面構造をもつコプラナー PCB（Co-PCB）は，現在ではダイオキシンに含まれている．

> ダイオキシンは自然界にはない物質である．ダイオキシンが最初に注目されたのは，ベトナム戦争の際に，米軍が除草剤を散布した地域に，奇形をもつ子供が数多く生まれたことによる．除草剤を合成するときに副生成物としてダイオキシンがつくり出されたのである．

PCDD ($m+n = 1 \sim 8$)　　PCDF ($m+n = 1 \sim 8$)　　Co-PCB ($m+n = 4 \sim 7$)

図 3・7　ダイオキシン類．PCDD：ポリクロロジベンゾ-p-ジオキシン，PCDF：ポリクロロジベンゾフラン

ダイオキシンは，塩素を含む物質をゴミ焼却炉などで，不十分な温度で燃焼させることで発生する．ダイオキシンも PCB と同じように安定であり分解せず，脂溶性であるため，体内に蓄積されやすい．その毒性としては，発がん性や内分泌かく乱性などがある（「5．環境ホルモン」参照）．

ダイオキシンを発生させないためには，塩素を含まない代替品の開発や，塩素を含む物質の場合には千数百℃以上の高温で完全に燃焼するなどの方法がある．また，光や超臨界水などを使った化学的分解法も検討されている（9 章参照）．

> ゴミなどの焼却によって発生したダイオキシンは大気中に放出され，汚染された農作物や魚介類などを通じて，人体に蓄積される．また，かつては除草剤の中にもダイオキシンが含まれていたために，土壌中にも残留するという問題を引き起こした．
>
> たとえば，食品などを包むラップにポリ塩化ビニリデン $\mathrm{-(CH_2CCl_2)}_n\mathrm{-}$ が使われていたが，現在ではポリエチレンのような塩素の含まないものが普及している．

4. その他の有害な化学物質

これまでは有機化合物を中心に見てきた．ここでは，その他の種類の化学物質で環境や生体にとって悪影響を与えるものについて見てみることにする．

毒性の指標

化学物質のもつ毒性を正しく評価することは，非常に重要である．ここでは，毒性の指標になるものをいくつか見てみよう．

毒を体内に取込んでしまい，すぐに症状が現れる急性毒性の指標として **LD$_{50}$（半数致死量）** がある．マウスやラットなどの実験動物に毒を与え，その半数（50％）が死亡した量が LD$_{50}$ である（図1）．通常，動物の体重 1 kg あたりの重量で表す．LD$_{50}$ によって，化学物質のもつ毒性が比較できる．

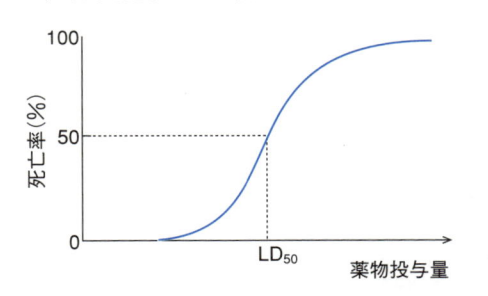

図 1 薬物投与量と死亡率の関係

図2には，いくつかの化学物質の LD$_{50}$ を示した．ただし，同じ化学物質でも実験動物の種類によってかなり値が異なる場合がある．たとえば，ダイオキシンの最も感受性の高いモルモットの LD$_{50}$ は 0.6 µg であるのに対して，ハムスターでは 5 mg であり，8000倍ほどの違いがある．

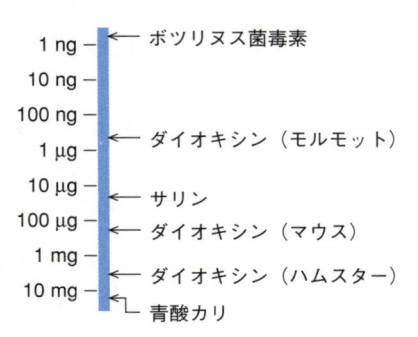

1 ng	ボツリヌス菌毒素
10 ng	
100 ng	
1 µg	ダイオキシン（モルモット）
10 µg	サリン
100 µg	ダイオキシン（マウス）
1 mg	ダイオキシン（ハムスター）
10 mg	青酸カリ

図 2 LD$_{50}$ の例．体重 1 kg あたりの量

私たちが日常的に摂取する食品添加物あるいは農薬などは，**1日摂取許容量（ADI）** が定められている．ADI は，私たちが一生摂取し続けても安全であると認められた量であり，体重 1 kg あたり 1 日に摂取できる量を mg 単位で表したものである．この値は実験動物に対する試験の結果をもとに，ヒトと実験動物の違いや年齢，性別などを考慮して求めたものである．

重金属

金属のうち，比重が4ないし5以上のものを**重金属**という．重金属の中には，生体に微量に含まれて重要な働きをするものがあるが，一度に大量に，あるいは長期にわたって許容量以上を摂取することで，深刻な健康被害を及ぼすこともある．

水銀 Hg は銀色の液体の金属である．日常では，体温計や蛍光灯などに使われている．また，水銀は他の金属を溶かし，アマルガムという合金をつくる．有機水銀（メチル水銀など）は特に毒性が強く，工場から排出された有機水銀で汚染された魚介類を食べたことが原因で，水俣病が発生した．その症状は，手足の感覚麻痺，運動失調などの神経障害であり，重度の場合には死に至った．

カドミウム Cd はめっきや合金に使われるほか，電池，ブラウン管の蛍光剤，原子炉の制御棒などにも利用されている．カドミウムを吸収すると，腎臓障害や骨の軟化などが起こる．

熊本県水俣市付近で起こったメチル水銀中毒は，1956年に公式に水俣病として確認された．その後，新潟県阿賀野川流域でも同様の有機水銀中毒が発生した（新潟水俣病）．

大正時代から1960年代にかけて，富山県神通川流域で鉱山から排出されたカドミウムが原因となって，イタイイタイ病が発生した．イタイイタイ病はくしゃみなどのちょっとした動きだけでも骨折し，激しい痛みをともなうことから，その名がついた．

特に，高度経済成長期には大規模な環境汚染による健康被害が大きな社会問題になり，その中でも二つの水俣病，イタイイタイ病，四日市ぜんそく（4章参照）は四大公害病といわれ，深刻な被害をもたらした．

アスベスト

アスベスト（石綿）は天然に産出する繊維状あるいは層状のケイ酸塩鉱物である．アスベストは耐薬品性，耐熱性，電気絶縁性などにすぐれているために，建材や電気製品などに広く使用されている．アスベストを肺に吸収すると，数十年という非常に長い期間を経て，肺がんや悪性中皮腫などを発生する確率が高くなるといわれている．

アスベスト繊維1本の太さは，髪の毛の5000分の1程度である．ケイ酸塩鉱物の構造については，6章を見てみよう．

5. 環境ホルモン

人工的につくり出された化学物質の中には，体内でホルモンのような作用を示すものがある．このような化学物質は体外の環境中に存在し，ホルモンの働きを乱す物質という意味で，俗に**環境ホルモン**，正式には**外因性内分泌かく乱物質**とよばれる．

ホルモン

ホルモンは体内の特定の内分泌器官によってつくられ，血液中を移動し，

器官や組織の働きを調節する化学物質である．よく知られたものに，性機能を調節する性ホルモン，循環系や呼吸系を調節する副腎皮質ホルモン，糖の代謝を調節するインスリンなどがある．図3・8には，女性ホルモンのひとつであるプロゲステロンの化学構造を示した．

　図3・9に示すように，ホルモンは臓器にある受容体と結合することで，その作用を示す．ホルモンと受容体は鍵と鍵穴の関係になっており，ある受容体は特定のホルモンにしか応答しないようになっている．

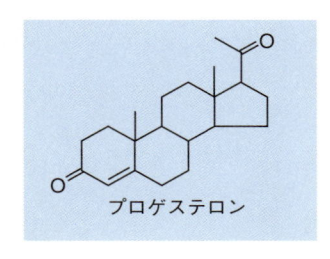

図 3・8　女性ホルモンの例

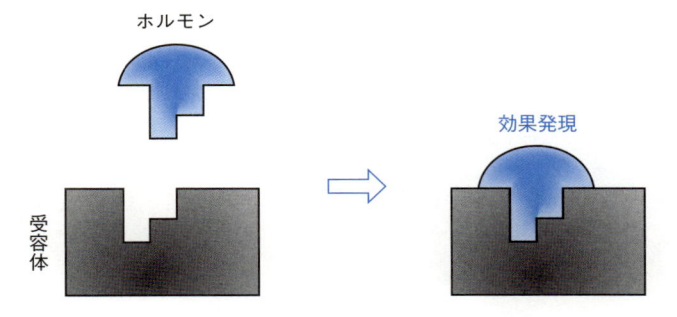

図 3・9　ホルモンの作用のしくみ

環境ホルモンの影響

　環境ホルモンは上で見た受容体と結合して，ホルモンと類似の働きをするといわれる．ごく微量で働くことができるので，その影響が懸念される．特に，性ホルモンの受容体に作用するものが多くあり，生殖機能への影響などが見られるという．野生動物では，雄の雌化や個体数の減少，ヒトに対しては，精子数減少などのさまざまな生殖異常や生殖器関連のがんの発生の可能性などが指摘されている．

図 3・10　環境ホルモンの例

環境ホルモンの種類

　有機塩素化合物であるDDTやPCB，ダイオキシンも環境ホルモンの一種であるといわれる．そのほかに，工業用洗剤やプラスチックの添加剤などに使われているノニルフェノールやプラスチックの原料であるビスフェノールAなどがあり（図3・10），これらは女性ホルモンと類似の構造をしているため，女性ホルモン様の働きを示すといわれている．

III

地球環境の化学

4 大気の化学

　地球は大気の層によって覆われている．地球の直径はおよそ 13000 km であり，対流圏の厚さは 15 km ほどである．地球を直径 13 cm の円で表すと，対流圏の厚さはわずか 0.15 mm となる．この 1 枚の紙ほどの薄い大気の層が，穏やかな地球環境をつくり出し，数多くの生命を育んでいるのである．

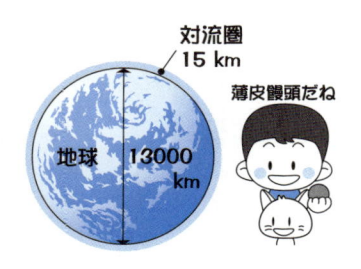

1. 大気を構成する化学物質

大気を構成する化学物質の種類については，1章で簡単にふれた．ここでは，もう少し具体的に見てみよう．

窒　素

窒素 N_2 は大気の体積の 78 % を占める．窒素は反応性に乏しい，安定な気体である．ほとんどの生物は大気中の窒素を直接利用できないが，ある種の細菌などは大気中の窒素を利用して，簡単な窒素化合物をつくる．そして，植物がそれらを取入れて新たな窒素化合物に変換し，さらにそれらを動物が食料として取入れる．最終的に，これらの窒素化合物は細菌によって分解され，再び窒素として大気中に戻る．

酸　素

酸素 O_2 は窒素に次いで多く含まれる．酸素は地球誕生時の大気中にはほとんど存在せず，その後，光合成などによって生産され，現在では体積の 21 % を占めている．一方，酸素は呼吸などにより消費される．また，酸素は窒素に比べて反応性に富むので，鉱物の風化（6章参照），有機物質の分解などのさまざまな化学反応にかかわっている．

酸素の一部は対流圏から成層圏に移動し，紫外線によりオゾン O_3 に変化する．成層圏のオゾンは有害な紫外線から，地球上の生命を保護する役割をもつ（7章参照）．

二酸化炭素

二酸化炭素 CO_2 は原始地球の大気では多く含まれていたが，現在ではわずか 0.037 % ほどになっている．二酸化炭素は光合成により消費され，呼吸や化石燃料の燃焼などにより生産される．特に，近年は化石燃料の大量消費や森林破壊などにより，大気中の二酸化炭素の量は増加し続けている．二酸化炭素は温室効果をもつ気体であり，地球温暖化の大きな原因となっている（7章参照）．

地球全体における窒素の循環については，6章を見てみよう．

酸素は水の光分解によっても生成するが，その量は光合成に比べるとわずかである．
大気中の水蒸気は紫外線により，酸素と水素に分解される．軽い水素は宇宙空間に散逸し，酸素だけが大気中に残る．

原始地球の大気の 95 % は水蒸気で，二酸化炭素が 4 % ほどである．

そのほかの構成物質

そのほか，大気中に含まれる重要な物質として，水蒸気，メタン CH_4，浮遊粒子状物質（後述）などがある．

水蒸気は原始地球の大気の主成分であったが，現在ではわずかな量しか含まれていない．しかし，水蒸気は気象に大きな影響を与える．また，大気中の成分を溶かすため，物質移動や化学反応の媒体としての役割をもつ．

メタンは沼地，水田あるいは反芻動物の消化器官にいる細菌によりつくられる．メタンのほとんどは大気中で分解される（コラム「大気中で起こ

大気中で起こる光化学反応

大気中では，光によるさまざまな化学反応が起こっている．図1に見るように，**光は波長が 380 nm から 780 nm 程度の可視光（目に見える光）と，紫外線と赤外線を含めた電磁波のことである．**

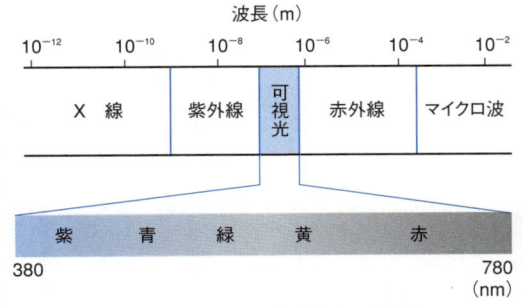

図 1　おもな電磁波とその波長

紫外線は分子中の電子に作用し，結合状態に影響を与える．成層圏では，酸素とオゾンが紫外線を吸収することで，地表に届く紫外線の量は減少する．成層圏でのオゾンの生成と消滅については図 7・5 を見てみよう．

その一方で，現在，フロンガスによるオゾン層の破壊が進み，有害な紫外線による生物への影響が懸念されている（7 章参照）．

成層圏で吸収されずに対流圏に到達した紫外線は，大気中でさまざまな化学反応を引き起こす．その重要なもののひとつとして，ヒドロキシルラジカル ・OH の生成がある．ヒドロキシルラジカルは，対流圏に存在するオゾンが紫外線を吸収することでつくられる．**ラジカル**は不対電子をもつものの総称であり，不安定な物質で，他の分子と容易に反応する性質をもつ．メタンや一酸化炭素などは ・OH と反応することで，大気中から消滅する．また，・OH が関与する光化学反応によって光化学スモッグの原因となる物質を生じる（後述）．

一方，**赤外線**は分子に吸収され，気体の温度を上昇させる作用がある．分子が赤外線を吸収すると，分子の振動が激しくなり，運動エネルギーが増加するため，気体の温度は上昇する．このような気体分子として，二酸化炭素，水蒸気，メタン，一酸化二窒素，フロンなどがある．地球の温暖な気候は，この温室効果によってもたらされたものである（7 章参照）．

る光化学反応」参照).

水蒸気やメタンも温室効果ガスである．大気中のメタンの量も二酸化炭素と同様に増加傾向にある．

2. 大気の成分に影響を与える活動

全体として，大気の成分は定常（つり合いのとれた）状態にあり，水素と酸素がほとんどを占めている．しかしながら，前節で見たように微量成分が地球環境や生命に大きな影響を与えることもある．ここでは，特に大気中の微量成分がどのような活動を通じて発生するのかを簡単に見てみよう．微量成分の発生源は，地球の運動によるもの，生命の営みによるもの，人為的な活動の三つに分けられる（図4・1）．

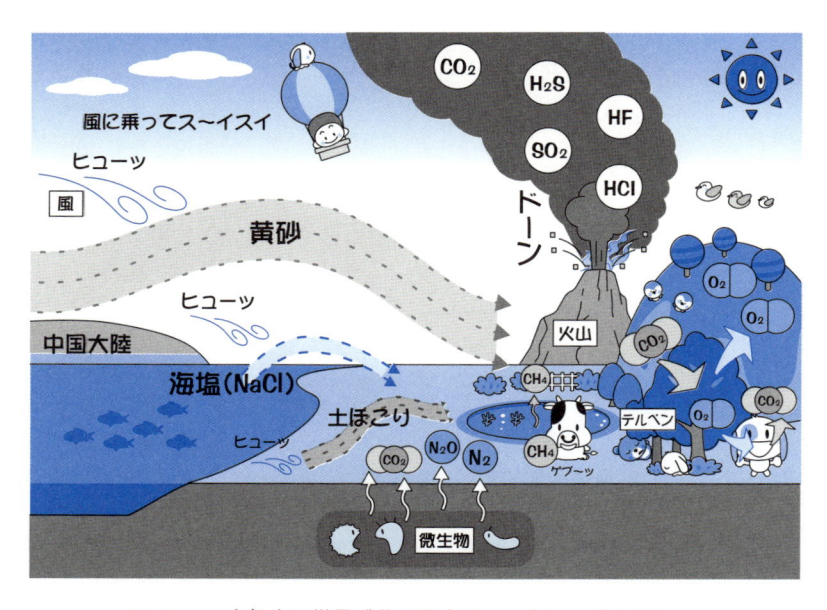

図 4・1 大気中の微量成分の発生源．人為的な活動は除く．

地球の運動に基づくもの

風 春先に大気が黄色っぽくかすむことがある．これは中国大陸から

4. 大気の化学　53

風に乗って飛んできた黄砂である．このように，風は砂漠などの砂や土やほこりなどの微粒子を吹き上げ，遠くまで運ぶ．

　海岸近くでは金属がさびやすいといわれる．これは風に乗って海水が陸地へ運ばれるからである．海水には塩（NaCl など）が含まれている．また，この塩が水を吸収して微粒子に成長し，それが核となって雲が発生し，雨が降る．

　火山　火山の爆発による噴煙や火山灰は，成層圏にまで達することもある．これらは太陽光をさえぎり，気象や大気中での化学反応に影響を及ぼす．さらに火山活動によって，二酸化硫黄 SO_2，二酸化炭素 CO_2，塩化水素 HCl，フッ化水素 HF，硫化水素 H_2S などのガスも発生する．

生命の営みに基づくもの

　生命の活動によって，大気中の成分の入れ替えが行われている．

　植物　植物は光合成において，二酸化炭素を取入れ，有機物質（糖）を生産し，酸素を放出する．このように植物は貴重な酸素供給源となっている．一方，呼吸によって，酸素を取入れ，有機物質を生産し，二酸化炭素を放出する．また，植物は微量ながらテルペン類などの香り成分をはじめ，いろいろな有機物質を大気中に放出している．

　動物　動物は呼吸によって酸素を取入れ，植物が光合成によってつくり出した有機物質を分解し，エネルギーを得ている．このとき，大気中に二酸化炭素を放出する．

　微生物　沼地や水田，ウシなどの反芻動物の消化器官にいる細菌によって，メタンがつくられ大気中に放出される．また，土壌中では，動物の尿に含まれる物質が，アンモニア NH_3 と二酸化炭素に変換される．さらに，アンモニアはある種の微生物によって，一酸化二窒素 N_2O に変換され，大気中に放出される．このように，土壌中からは，さまざまな窒素酸化物や窒素が大気中に放出される（6章参照）．

人為的な活動によるもの

　さまざまな人間活動によって，大気中に放出された化学物質は，地球環境に大きな影響を与えることが明らかとなっている．その中で，二酸化炭

地球全体における炭素の循環については，6章でふれる．

テルペンは植物の精油から得られる化学物質の総称で，多くの種類のものが知られている．炭素数5のイソプレンを基本骨格としており，下に示したのは，炭素数10のモノテルペンの一種である．

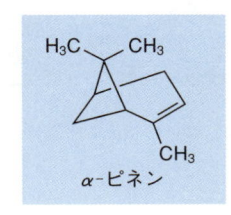

α-ピネン

素，窒素酸化物，硫黄化合物，フロン，浮遊粒子状物質などは，広範囲にわたる環境問題を引き起こす物質として懸念されている．これらの発生源については，環境に与える影響などとあわせて，以下の節あるいは後の章でふれる．

3. 窒素酸化物および硫黄酸化物

石油や石炭などの化石燃料には，硫黄分や窒素分が含まれている．このような化石燃料を燃焼させると，硫黄酸化物や窒素酸化物が生成する．これらは大気を汚染する物質であり，その生成の抑制および除去が重要な課題となっている．

SO_x

硫黄酸化物には，多くの種類が知られている．その中で，硫黄 S に x 個の酸素 O が結合したものが SO_x（ソックスとよぶ）である．SO_x には，二酸化硫黄 SO_2 や三酸化硫黄 SO_3 などがある．これらは，かつて工場から大気中に大量に排出され，深刻な大気汚染をもたらし，四日市ぜんそくなどの健康被害を引き起こした．

SO_2 と SO_3 は酸性雨の原因物質である．化石燃料の燃焼や火山活動などによって，大気中に放出された SO_2 はヒドロキシルラジカル・OH などにより酸化され，SO_3 になる．さらに，SO_3 は水に溶けて硫酸 H_2SO_4 になる．

酸性雨については，7章を見てみよう．

NO_x

窒素酸化物にも，硫黄酸化物と同様に多くの種類がある．これをまとめて NO_x（ノックス）と表す．NO_x は酸性雨や光化学スモッグ（後述）の原因物質である．

窒素は安定な物質であるが，高温で燃焼すると NO_x を生じる．燃焼によって発生した一酸化窒素 NO は大気中で O_3 や O_2 によって酸化され，二酸化窒素 NO_2 になる．これが水に溶けて，硝酸 HNO_3 が生じる．NO_x も呼吸器疾患などを引き起こす物質である．

SO_x, NO_x の除去

　SO_x，NO_x の発生を抑えるには，化石燃料などの燃焼をやめればよい．しかし，エネルギー供給の面から，実現性は少ない．現時点での対策としては，化石燃料からの硫黄分，窒素分の除去，および SO_x，NO_x の発生の抑制と排ガスからの除去がある．

　排ガスからの SO_x 除去には，石灰石 $CaCO_3$ と水の混合液を排ガスに噴射して，最終的に石膏（せっこう）$CaSO_4 \cdot 2H_2O$ として取出す方法がある．

　一方，排ガスからの NO_x の除去には，排ガスにアンモニアと触媒を加えて，N_2 と H_2O にする方法がある．また，自動車の排ガスには，NO_x のほかに，CO や炭化水素が含まれているので，これらを同時に除去できる三元触媒が開発されている．触媒については，9 章を見てみよう．

　図 4・2 は大気および自動車の排気ガスの中に占める SO_2，NO_2 の濃度の経年変化である．SO_2 の大気中および排気ガス中での濃度は以前に比べて減少している．

　一方，NO_2 は特に排気ガス中では，昭和 52 年度以降ほぼ横ばい状態であり，大きな改善は見られない．後述するように NO_2 は光化学スモッグ発生の引き金となる物質でもあり，特に自動車のエンジンからの排出量は多く，その抑制は緊急の課題である．

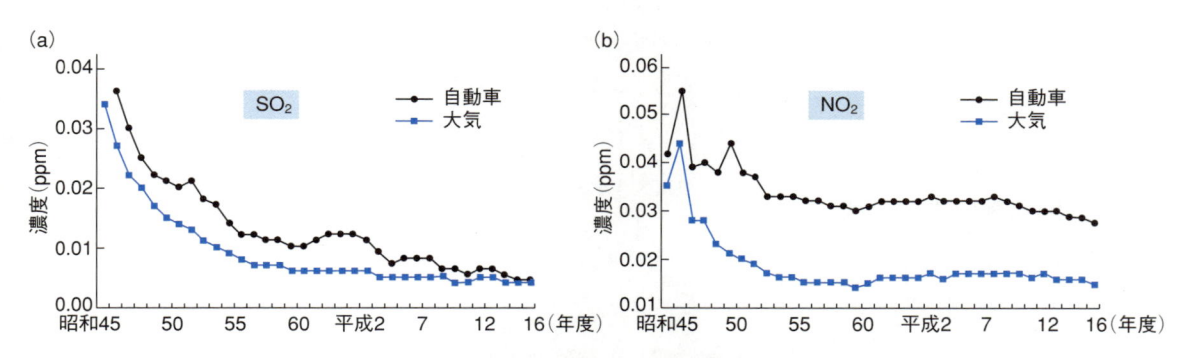

図 4・2　二酸化硫黄（a）および二酸化窒素（b）の濃度の年平均値．環境省「平成 16 年度大気汚染状況報告書」より．ppm は濃度などを表す単位で，100 万分の 1 を示す．

4. 浮遊粒子状物質

大気中には，気体分子よりも大きい，粒子状の物質も存在している．粒子状物質には固体，液体，固体と液体の混合物があり，さまざまな物質が含まれている．

浮遊粒子状物質ってどんなもの

大気中には，いわゆる埃（ほこり）や塵（ちり）などとして，種々の粒子状物質が存在している．このような物質のうち，直径が 10^{-5} m（10 μm）以下のものを**浮遊粒子状物質**という．

浮遊粒子状物質は，発生源から直接排出されたものと，大気中の硫黄酸化物や窒素酸化物などの気体状物質が変化して粒子化したものなどがある．おもな発生源としては，火山活動，森林火災，土壌からのほこりなどの自然界からのものと，工場からのばい煙，自動車の排気ガスなどの人為的なものがある．

浮遊粒子状物質は軽いので，大気中を長い間浮遊する．そのため，体内に吸い込まれたものは，気管支や肺に吸着されて健康被害を起こすことがある．特にディーゼルエンジン車から排出された粒子状物質（ばい煙）の表面には，多環式芳香族化合物などが付着している（図4・3）．

最近，健康被害が問題となっているアスベスト（石綿）は非常に細い繊維状物質であり（3章参照），軽いので空気中を浮遊する．

気体分子はナノメートル（10^{-9} m）程度の大きさである．

さらに小さな直径 2.5 μm 以下のものを**微小粒子状物質**（PM2.5）という．

多環式芳香族化合物の例として，発がん物質であるベンゾピレンなどがある（3章の「2. 健康と化学物質」参照）．

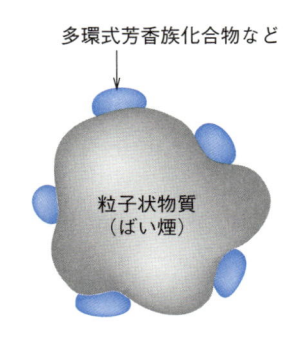

図4・3 エンジンから排出された粒子状物質の例

5. 光化学スモッグ

　晴れた日の昼下がり，外に出ると目に刺激を感じることがある．これは光化学スモッグのためである．**光化学スモッグ**は，大気中のNO_xなどが，光エネルギーを利用して酸素などと複雑な反応を起こし，その結果生じたオゾンなどが原因となって起こる．

スモッグの歴史

　スモッグとは，スモーク（煙）とフォッグ（霧）をあわせてつくった造語である．長い間，霧の都であるロンドンの人々はスモッグに悩まされ続けた．ロンドンのスモッグは，石炭の燃焼によって煙として排出された硫黄酸化物が水に溶けて硫酸H_2SO_4となり，これがもとになってできた酸性の霧が原因となったものである．

　その後，ロンドンとは異なる新しいタイプのスモッグが発生するようになった．これが光化学スモッグであり，最初に観測されたのは1940年代のロサンゼルスである．光化学スモッグは，太陽光による化学反応によって生じるので，このようによばれている．そのため，ロンドンのような霧は発生せず，光化学スモッグの発生には太陽光を必要とするため，晴れた日に起こりやすい．

ロンドンのスモッグが最もひどい状態であったのは，探偵シャーロック・ホームズが活躍した19世紀末から20世紀初めのころである．

光化学スモッグは晴れた昼間で，風の弱い，夏に発生しやすい．目がチカチカする，喉が痛い，めまいがするなどの症状がある．

ロンドンのスモッグ 　　　　光化学スモッグ

光化学スモッグの発生のしくみ

　光化学スモッグの発生は，自動車や工場などから大気中に排出された窒素酸化物 NO_x や炭化水素（HC）の光化学反応によって生じたオゾンなどのさまざまな酸化性物質によって起こる．光化学スモッグの発生のしくみは複雑であるが，図4・4には窒素酸化物と炭化水素の光化学反応を示した．

図4・4 (a) の(2)式で生成したオゾンは NO と反応して O_2+NO_2 に戻る．
　　$O_3 + NO \longrightarrow O_2 + NO_2$
しかし，大気中に炭化水素 HC が存在すると，図4・4 (b) の反応により NO が減少し，上記の反応は進行しなくなる．その結果，大気中のオゾン濃度が高くなる．

(a)
$NO_2 \xrightarrow{\text{太陽光}} NO + O$ 　　(1)
$O + O_2 \longrightarrow O_3$ 　　(2)

(b)
$HC + \cdot OH + O_2 \xrightarrow{\text{太陽光}} RO_2\cdot + H_2O$ 　　(3)
$RO_2\cdot + NO \longrightarrow RO\cdot + NO_2$ 　　(4)
$RO\cdot + O_2 \longrightarrow RCHO + H_2O\cdot$ 　　(5)
$H_2O\cdot + NO \longrightarrow NO_2 + \cdot OH$ 　　(6)

図4・4　光化学スモッグ発生のしくみ．R はアルキル基

　図4・4 (a) に示すように，窒素酸化物の一種である二酸化窒素 NO_2 が光エネルギーによって分解し，一酸化窒素 NO と原子状酸素 O になる（(1)式）．原子状酸素は反応性が高いので，酸素と反応してオゾン O_3 を生じる（(2)式）．

　また，ヒドロキシルラジカル ·OH による炭化水素 HC の光化学反応が引き金となって，酸化性物質やアルデヒド類 RCHO が生じる（図4・3b）．

その他の光化学オキシダントとしてペルオキシアセチルナイトレート（PAN）などがある．PAN は酸素5個を含む複雑な化合物であり，光化学反応によってのみ生成する．

$$\begin{array}{c} O \\ \parallel \\ RCOONO_2 \\ PAN \end{array}$$

R は $-CH_3$，$-C_2H_5$，$-C_6H_5$ などである．

　このような一連の反応で生じた，オゾンをはじめとする酸化性物質のうち，二酸化窒素を除いたものを**光化学オキシダント**という．これらが複雑にかかわりあって，光化学スモッグは発生する．

　光化学オキシダントやアルデヒド類は目や喉に刺激を与え，めまい，頭痛，呼吸困難などの症状を引き起こす．

5 水の化学

　地球は，太陽系の中で豊かな液体の水をたたえる，たったひとつの惑星である．水は，青く美しい地球やすべての生命の存在を支える，かけがえのない物質である．しかしながら，水は大気と同様にありふれた存在なので，私たちは数え切れないほどの恩恵を受けながらも，その大切さを忘れてしまう．ここでは，水の性質を簡単に眺めたあとで，地球上では水がどのような形で存在し，どのような役割を果たしているのかについて見てみよう．

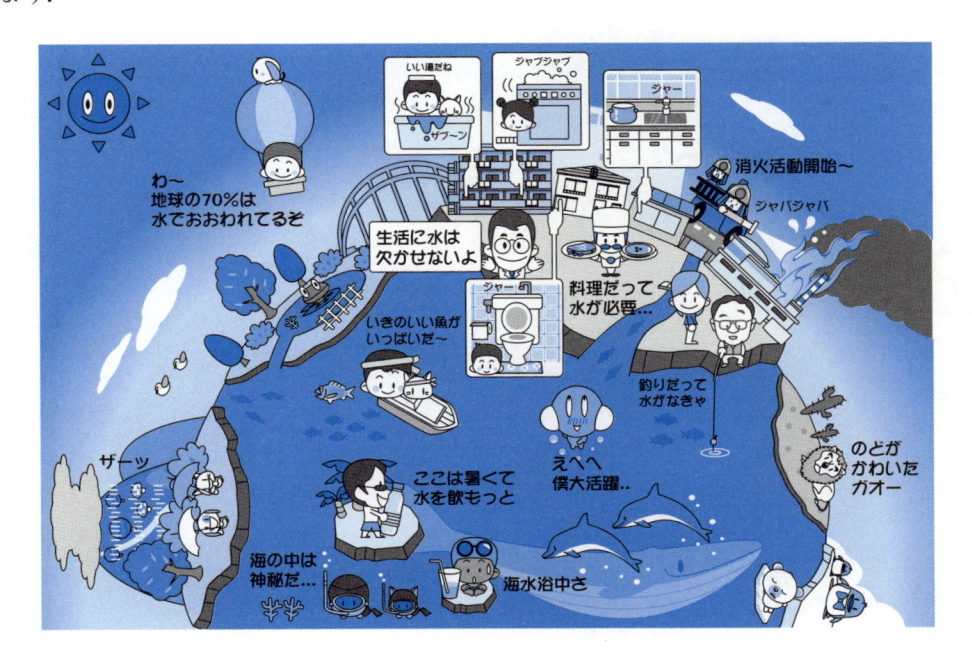

Ⅲ. 地球環境の化学

1. 水の不思議な性質

　水は，他の液体には見られない特別な性質をもっており，地球環境や生命にとって重要な役割を果たしている．

水は特別な性質をもつ

　水分子 H_2O は2個の水素と1個の酸素からなり，分子中にプラスに荷電した部分とマイナスに荷電した部分をあわせもつ極性分子であることは，すでに2章で見た．このような構造が水の特別な性質を生み出している．

　水の特別な性質として，① 沸点・融点が異常に高い，② 比熱容量が非常に大きい，③ 蒸発熱が大きい，④ 物質をよく溶かす，などがあげられる．

　以上のような性質をもつために，水は地球の温度変化を穏やかなものにして，生命にとって心地良い環境をつくり出している．また，さまざまな物質を溶かすことができるために，水は地球上での物質移動に大きな役割を果たし，いろいろな化学反応を起こす場を提供する．私たちの体内もたくさんの水を含み，化学物質が溶け込んで，生命活動に必要な化学反応が行われている．

溶けるって，どういうこと？

　ここでは，物質が水に溶けるしくみについて見てみよう．2章で見たように，塩化ナトリウム（食塩）はたくさんのナトリウムイオン Na^+ と塩化物イオン Cl^- が，イオン結合によって規則正しく並んだ結晶である．水の中に NaCl 結晶を入れると，Na^+ と Cl^- がばらばらになって，マイナスの電荷をもつ Cl^- は水分子のプラスの部分を，プラスの電荷をもつ Na^+ は水分子のマイナス部分を引き寄せ，いくつかの水分子に取囲まれる（図5・1）．これを**水和**という．

　このようにしてできた水和イオンは，水中で安定に存在できる．これが，食塩が水に溶けるしくみであり，水がイオン性の物質をよく溶かす理由である．また，水はエタノールや酢酸のような極性分子も溶かすことができる．

比熱容量とは，1gの物質を1K上げるのに必要な熱量をいう．たとえば，銅 0.38，ガラス 0.78，空気 1.01，エタノール 2.42 J/(K·g) であるのに対し，水の比熱容量は 4.18 J/(K·g) である．

蒸発熱とは，物質1molが蒸発するときに吸収する熱量をいう．水の蒸発熱は 40.7 kJ/mol であるのに対し，分子量がほぼ同じであるメタンは 8.2 kJ/mol である．

比熱容量が大きければ，その物質は熱しにくく，冷めにくい．蒸発熱が大きければ，気体になるにはより大きな熱量が必要となる．

物質には，「似たものは似たものに溶ける」という性質がある．よって，油は水には溶けない．

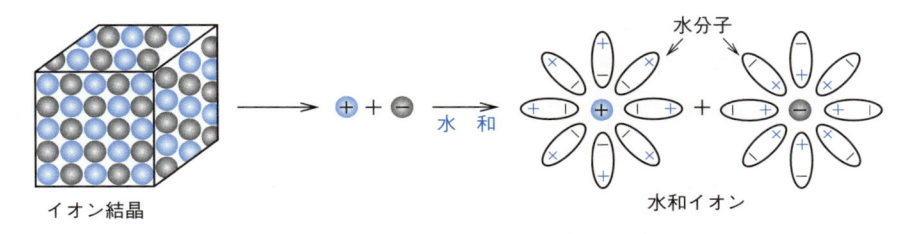

図 5・1　イオン結晶が水に溶ける仮想的なしくみ

2. 循環する水

　水は固体，液体，気体とその状態を変えながら，地球上を循環している．図 5・2 は，地球上における水の循環を示したものである．海洋や湖沼などの水は水蒸気となって大気中に移り，雨や雪になって地上に戻る．それらは地下水や河川水となって，再び海洋や湖沼に戻る．このように，水は

海洋では蒸発量が降水量より多く，陸地では降水量が蒸発量よりも多い．

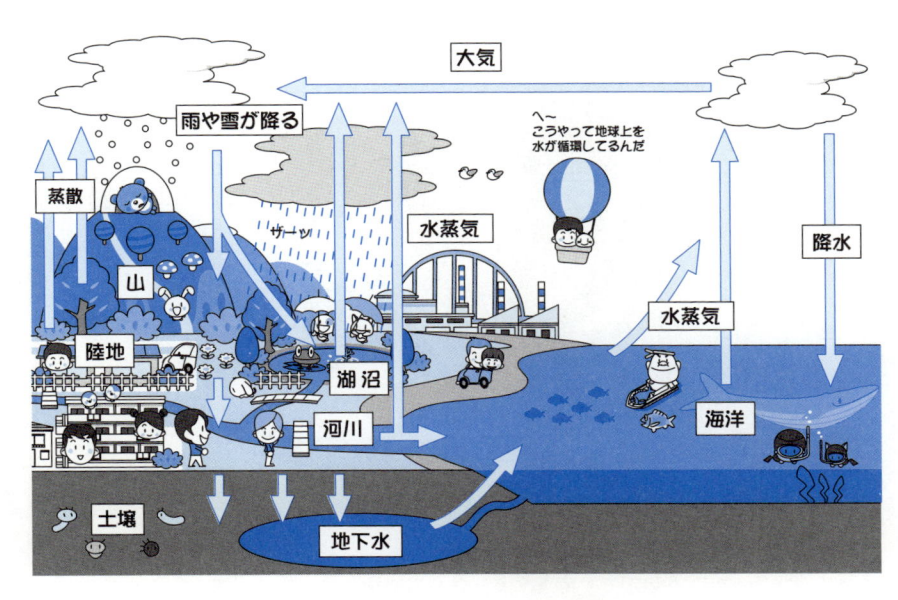

図 5・2　地球上における水の循環

地球上を常に循環し，物質移動や化学反応を行う場を提供する役割を担っている．また，水は飲料水や農業・工業用水などとして，私たちの生活にとって重要な資源となっている．

海 水

海洋は塩分の多い塩水からなり，地球上に存在する水の97 %程度を占め，その深さは平均 3800 m である．

1章の「6. 水と地球」で見たように，海水に溶けている物質の 86 %はナトリウムイオン Na^+ と塩化物イオン Cl^- である．表 1・7 に示した海水の組成は，生体内の水の組成と類似している．このことから，原始生命は海洋で誕生したといわれている．

図 5・3 に示すように，海水は大きく表層水と深層水に分けられる．表層水は海流となって移動するが，200 m より深いところにある深層水の移動は非常に遅い．また表層水と深層水の間に混合は起こらず，独立に運動している．しかし，ある地点では，表層水が潜込んで深層水と合流し，1 年に数 m という速度で長い距離を移動し，再び上昇して表層水となるという大循環を起こしている．

海洋深層水のある深さには，太陽光がほとんど届かない．深層水の温度は低く，その変動は小さい．植物プランクトンが生育しないので，有機物が少なく，有害な細菌などもほとんど存在しない．また，汚染化学物質にさらされる危険も少ない．深層水には，栄養塩類（後述）やカルシウムやマグネシウムなどのミネラル類が多く含まれている．

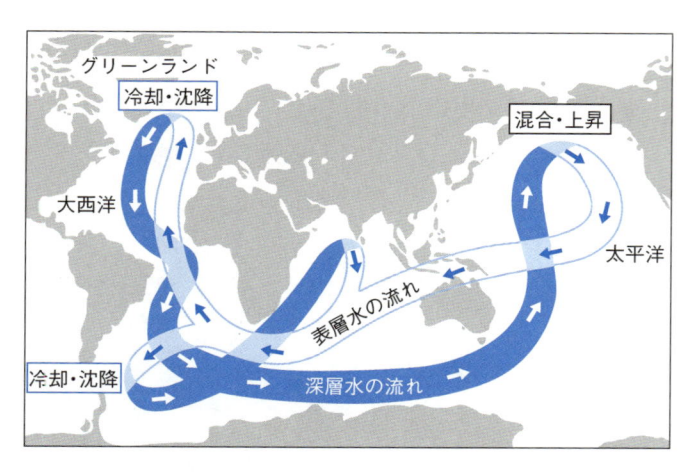

図 5・3 海洋水の大循環．北大西洋でつくられた表層水が潜込んで，南下する．さらに南極の冷たい深層水と合流して，インド洋と太平洋を北上し，再び上昇して表層水となる．

河川水

　河川と湖沼の水は地球全体の水の 0.02 % 程度しかなく，その大部分は海水が蒸発して雨や雪になって降り注いだものである．河川水はさまざまな物質を運びながら移動し，最終的には海に流れ込む．また，河川水は飲料水や農業用水などの重要な水資源であり，多くの生物の生育の場でもある．

　日本の河川水のおもな成分は陽イオンではカルシウムイオン Ca^{2+}，ナトリウムイオン Na^+，陰イオンでは炭酸水素イオン HCO_3^-，硫酸イオン SO_4^{2-}，塩化物イオン Cl^- などである．また，岩石の成分である二酸化ケイ素 SO_2 の多いのが特徴となっている．

　河川水などの陸水の成分に影響を与えるものとして，① 雨や雪，微粒子などの降下物，② 大気から混入した物質の蒸発，③ 岩石や土壌中の風化，有機物の分解，生物活動，などがあげられる．そのほか，私たち人間の活動も大きな影響を与える要因となる．

岩石の風化や土壌中の有機物の分解については，6 章を見てみよう．

地　下　水

　地下水は土壌や地層中に存在する水のことである．地下水は河川水とは異なり，大気との接触も少なく，移動速度も遅い．そのため，水質は地下水周辺の地質の影響を受けやすいが，その変動は少ない．また，水質は地表から浅いところと深いところではかなり異なる．浅いところの地下水は酸化的であり，有機物も豊富に含まれているが，深いところの地下水は還元的であり，有機物は少ない．

　近年，さまざまな化学物質による地下水の汚染が問題になっている．地下水は長時間滞留するために，いったん汚染を受けると，その浄化が難しい．

水の汚染については，後述する．

3. 生活の中の水

　水は，私たちの生活に欠かせないものである．家庭で一日一人が使う水の量は，2 リットルのペットボトルで 120 本程度といわれている．これらの水がどのように供給され，使用後はどのように処理されるのかを見てみよう．

上水処理

毎日のくらしの中で使われる水は，水道水として供給される．ダムなどに蓄えられた水は浄水場に取込まれ，きれいな水になって家庭に送られる．

図5・4には，水道水ができるまでの過程を示した．

① 浄水場に取込んだ原水に凝集剤を加える．
② 凝集した土砂やゴミを沈殿させる．
③ さらに，砂や砂利の間を通して，水をろ過し，きれいにする．
④ 病原菌を殺すために，塩素を加えて消毒する．

凝集剤には，ポリ塩化アルミニウムや硫酸ナトリウムなどがある．また，凝集剤を加えるまえに，塩素処理などを行う場合もある．

さらに，きれいでおいしい水にするために，"高度浄水処理"が行われることもある．ここでは，いくつかの方法を紹介する．① 生物処理：微生物によって，汚れや臭いの原因となる物質を分解する．② 活性炭処理：活性炭に汚染物質を吸着させて除去する．③ オゾン処理：オゾンは塩素よりも殺菌力が強い．また，脱臭や脱色，有機物の分解にも大きな効果がある．

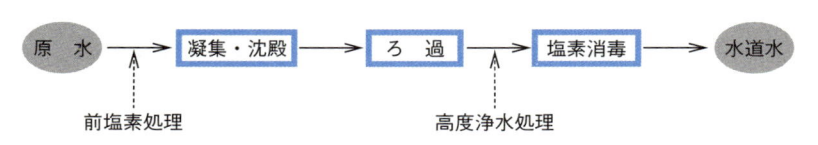

原水 → 凝集・沈殿 → ろ過 → 塩素消毒 → 水道水
　　　　↑前塩素処理　　　　↑高度浄水処理

図5・4　水道水ができるまで

下水処理

家庭から排出される汚水は，下水処理場で浄化され，環境中に戻される．図5・5は，下水処理の過程を示したものである．

① スクリーンとよばれる金属製の格子によって，固体や油を取除く．
② 沈殿槽でゴミを沈殿させ，上澄み水と汚泥に分ける．

ここまでの過程を"一次処理"という．

③ 上澄み水は微生物が入った活性汚泥槽に送られ，空気を送りながらかき混ぜる．ここで微生物によって有機物が分解される．
④ ③で処理された水は沈殿槽に送られ，分解しなかった成分や，微生物に付着してかたまりになった有機物を沈殿させる．

沈殿した汚泥は水分を除き，焼却して灰にして埋立てる．あるいは，汚泥を肥料などとして有効利用することも行われている．

一次処理と二次処理を経ても，窒素やリンを含む化合物の除去は十分ではない．そのため，高度処理が行われることもある．

下水 → スクリーン → 沈殿槽 →(上澄み)→ 活性汚泥槽　微生物による分解 → 沈殿槽 → 放出
　　　　　　　　　　↓汚泥　　　　　　　　　　　　　　　　　　　　　　　　↑高度処理
　　　　　　　　　　埋立てあるいは資源化

←―一次処理―→　　　　　　←――二次処理――→

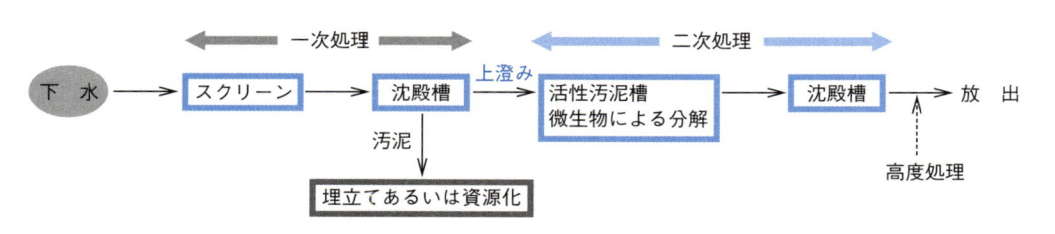

図5・5　下水処理の過程

このような微生物を利用する過程を"二次処理"という．そして，以上の過程で処理された水は河川や海などの環境中に放出される．

工場などからの産業排水には，有害な有機化合物や金属イオンなどが含まれているので，生活排水とはまったく異なる処理が行われている．

4. 水 の 汚 染

私たちはさまざまな形で水を利用している．家庭において料理や洗濯などに使われるだけでなく，農作物を育てたり，工場で製品を生産したり，発電所でエネルギーをつくるときにも，水は利用される．しかし，これらの活動によって水が汚染されると，生態系に悪影響を与えてしまう．ここでは，人為的な水の汚染にはどのようなものがあるか見てみよう．

富栄養化

湖沼や河川，閉鎖性海域などにリンや窒素を含む化合物（栄養塩類）が大量に増加することを**富栄養化**という．富栄養化によって，以下のような現象が発生する．

① 栄養塩類の増加によるプランクトン（藻類など）の大量発生．このため，水の色が赤色などになる．これを"赤潮"という．
② 大量発生したプランクトンの死骸の分解のために大量に酸素が消費され，水中の溶存酸素が欠乏するため，魚介類の大量死をもたらす．
③ プランクトンが生産する有毒物質による魚介類の死，あるいは貝類の有毒化．
④ 悪臭の発生などの水質の悪化

などがある．

富栄養化の原因となる栄養塩類は，農地からの肥料や農薬の流出や生活排水，工業排水などからもたらされる．生活排水の中では，かつて洗剤の泡立ちを良くするために加えられたビルダーとよばれるリン酸塩が大きな原因となった．現在では無リン洗剤が普及している．

有害な有機化合物による汚染

図5・6に示した有機溶剤であるトリクロロエチレンやテトラクロロエチレンなどは，ハイテク産業の部品の洗浄やドライクリーニングなどに使

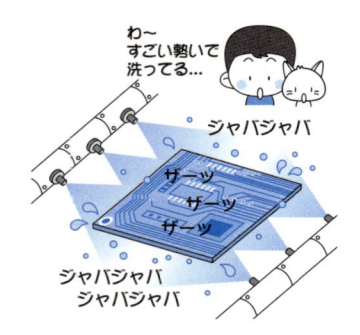

用されるが，地下に漏れ出して，地下水を汚染する問題が生じた．これらの有機塩素化合物は発がん性があり，頭痛や肝臓障害などを引き起こす．

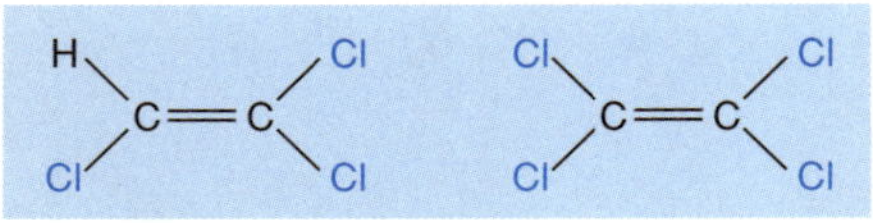

図 5・6　トリクロロエチレン(左)およびテトラクロロエチレン(右)

また，水道水の殺菌のために塩素を加えたとき，有機物が混入していると，図5・7に示したトリハロメタンが発生する．トリハロメタンはメタンの水素原子三つをハロゲン原子（塩素や臭素など）で置き換えたものである．トリハロメタンには発がん性や催奇形性があり，水道水に含まれる基準量が定められている．

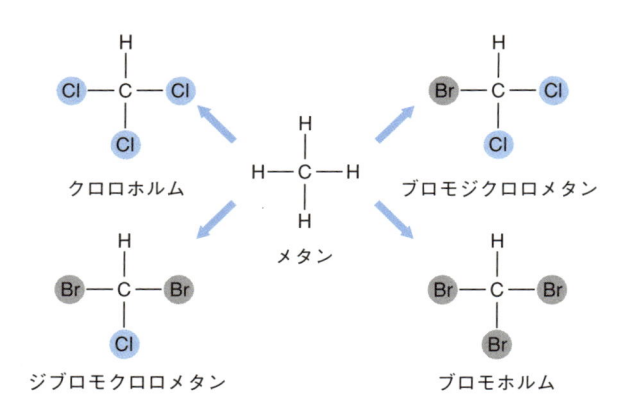

図 5・7　トリハロメタンの構造

3章で見たDDT，BHCなどの農薬，絶縁油や熱媒体に使用されたPCBは，現在，その使用は禁止されているが，河川，湖沼，海洋，土壌，大気などさまざまな環境で検出されている．

これらの物質は安定であり，環境中での残留性が高いので，食物連鎖によって濃縮され，人体に取込まれる（後述）．

（欄外）
わ〜すごい勢いで洗ってる…
ジャバジャバ
ザーッ ザーッ ザーッ
ジャバジャバ ジャバジャバ

トリはラテン語で3を表し，ハロはハロゲン化合物のことである．

3章で見た重金属による汚染も生物濃縮によって深刻な健康被害をもたらす．

5. 生物濃縮

水中に微量しか溶けていない有害物質でも，生物の体内では高濃度に濃縮され，さまざまな影響を与えることがある．ここでは，そのしくみについて見てみよう．

水質の指標

水がどのような状態にあり，どのくらい汚染されているのかを知るためには，客観的な指標が必要となる．水の汚染は単一の原因によるものではなく，複合的な場合が多いので，いくつかの指標を組合わせて，水の汚れ具合を判定する．ここでは，代表的なものを紹介する．

pH 水素イオン H^+ の濃度 $[H^+]$ を表す指標であり，下式のように定義される．

$$\mathrm{pH} = \log \frac{1}{[H^+]} = -\log[H^+]$$

したがって，数値が小さいほど水中に H^+ が多く含まれる．たとえば，H^+ が 10^{-7} mol/L 含まれる場合は，pH の値は 7 であり，これが中性に相当する．これより，値が小さい（H^+ が多い）ときが酸性，大きい（H^+ が少ない）ときが塩基性である．そして，対数であるから数値が1違うと，H^+ の濃度は10倍違うことになる．図1には身近な物質の pH を示した．また，日本の河川の pH はほぼ 7 の中性である．

BOD（生物化学的酸素要求量） 好気性微生物が水中の有機物を分解する際に消費される酸素量のことである．BOD の値が高いほど，水中に有機物が多く存在することを示している．

COD（化学的酸素要求量） 化学物質（酸化剤）によって水中の有機物を分解する際に消費される酸化剤の量を酸素に換算した数値である．この方法では，水中の有機物すべてを，あるいは有機物以外のものを分解する場合もあるが，BOD に比べて，測定が容易である．

DO（溶存酸素量） 水中に溶けている酸素の濃度をいう．水の新鮮さを表す指標であり，純水では 1 L 中，8.8 mg 程度（1気圧，20℃）の酸素が含まれ，7.5 mg 以上であれば水質が良いとされる．

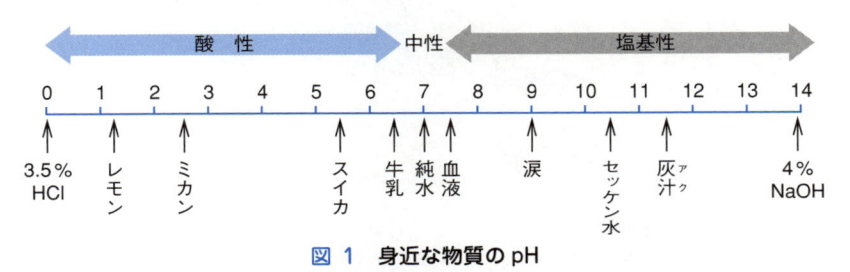

図 1　身近な物質の pH

食物連鎖

食物連鎖とは，食べる・食べられるの関係を通じて，物質とエネルギーの移動が起こることをいう．たとえば，海洋では「植物プランクトン→動物プランクトン→小さな魚→大きな魚」，陸上では「緑色植物→草食動物→小型肉食動物→大型肉食動物」というように，"食べる・食べられる"ことを通じて生物の間に一連のつながりが生じる．図5・8には，食物連鎖の模式図を示した．実際には，食物連鎖は図のように単純ではなく，複雑にからみあった食物網を形成している．

生物濃縮

このような食物連鎖を通じて，体内の有害物質が蓄積され，その濃度が環境中よりも高くなる．これを**生物濃縮**という．私たち人間は高次消費者であるので，長期にわたって，有害物質を含んだ生物を食べ続けると，深刻な健康被害を引き起こす可能性がある．

生物濃縮について具体的に見てみよう．表5・1は，水棲生物の体内におけるPCBとDDTの濃度である．海水中のPCBの濃度はわずか0.00028 ppbであったものが，高次消費者であるスジイルカでは3700 ppbに達し，なんと1300万倍にもなっている．

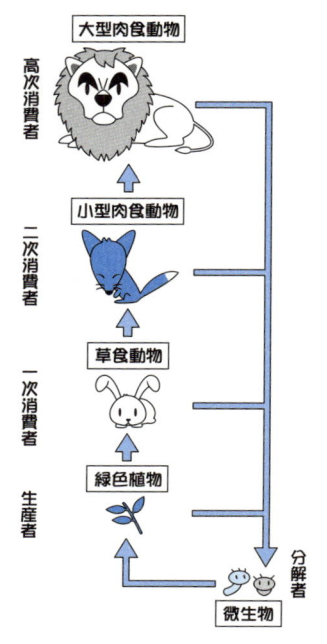

図5・8 食物連鎖の模式図．生物の遺骸や排出物は微生物などによって分解され，それを再び生産者が利用する．

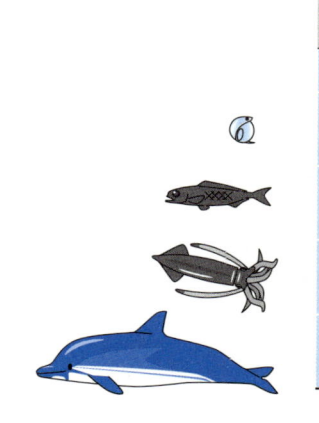

表5・1 PCBとDDTの表層水と水棲生物での濃度

	濃度(ppb)	
	PCB	DDT
表層水	0.00028	0.00014
動物プランクトン 濃縮率（倍）	1.8 6 400	1.7 12 000
ハダカイワシ 濃縮率（倍）	48 170 000	43 310 000
スルメイカ 濃縮率（倍）	68 240 000	22 160 000
スジイルカ 濃縮率（倍）	3 700 13 000 000	5 200 37 000 000

立川 涼，水質汚濁研究，**11**, 12（1988）．

海水中のPCBは動物プランクトンでは6400倍に濃縮され，つぎに，この動物プランクトンを食べるハダカイワシによって17万倍に，スルメイカによって24万倍になる．そして，これらを捕食するスジイルカでは，イワシよりも77倍，イカよりも54倍，濃縮されている．

6 土壌の化学

　これまでの長い時間の間に，大地では無数の命が誕生し，一生をおくり，そして還っていった．母なる大地は，すべての陸上生物にとってのかけがえのない故郷である．その陸地は，固い岩石に支えられ，柔らかい土壌に覆われている．土壌は地球上における物質循環の場として重要な役割を果たしている．

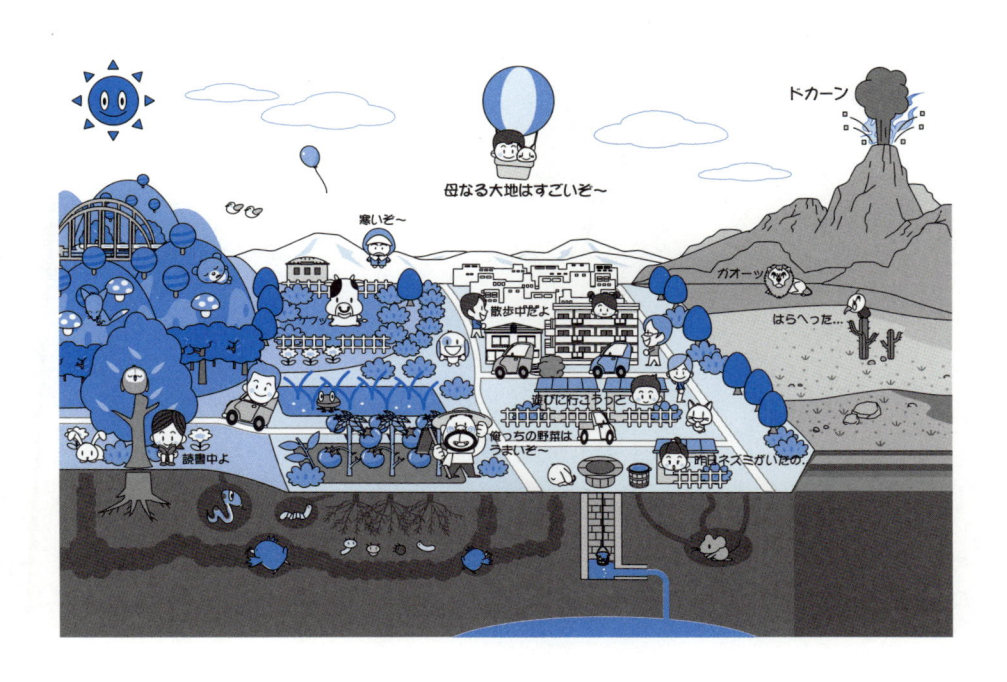

1. 岩石ってどのようなもの

岩石の種類と成分

地殻を構成する**岩石**には，火成岩，変成岩，堆積岩がある．火成岩は火山活動の際に地表に現れたマグマが冷却され，固まってできたものである．堆積岩は岩石が風化（後述）し，細かくなって風や雨によって運ばれ，堆積して固まったものである．変成岩は岩石が熱や圧力などの作用を受けて固まってできたものである．

岩石を構成するおもな鉱物は**ケイ酸塩鉱物**である．図6・1に見るように，ケイ酸塩鉱物は中心のケイ素を4個の酸素が取囲んだSiO_4四面体が鎖状，帯状（繊維状），層状，網目状などに連結してできたものである．

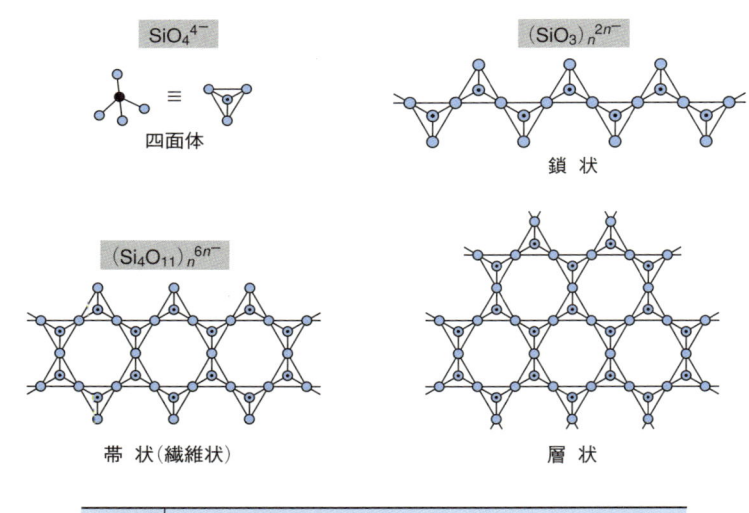

火成岩には，マグマが急に冷えて固まった火山岩とマグマがゆっくり冷えて固まった深成岩がある．火山岩にはアンザン(安山)岩，ゲンブ(玄武)岩などが，深成岩にはカコウ(花崗)岩，カンラン岩などがある．

四面体	カンラン石((Mg,Fe)$_2$SiO$_4$)，苦土カンラン石(Mg$_2$SiO$_4$)
鎖 状	輝(キ)石 MgSiO$_3$
帯 状	角閃(カクセン)石 Ca$_2$Mg$_5$Si$_8$O$_{22}$(OH)$_2$
	青石綿（クロシドライト）(省略)
層 状	雲母(省略)，カオリナイト Al$_2$Si$_2$O$_5$(OH)$_4$
	白石綿（クリソタイル）Mg$_6$Si$_4$O$_{10}$(OH)$_8$

青石綿，白石綿はアスベストの一種である

図 6・1　ケイ酸塩鉱物の構造とその例

多くのケイ酸塩鉱物ではSiO$_4$四面体の骨格のすき間に陽イオンが入り込んでいる．

風化

地球表面にある岩石がさまざまな作用によって変化することを**風化**という．風化は，大きく物理風化と化学風化に分けられ，これらに生物によるさまざまな作用が合わさって進行する．

物理風化は力の作用や温度変化などにより，岩石が粉砕されて，細かくなることをいう．

一方，化学風化は酸素をはじめとする空気中の成分の作用や，水による溶解などによって変化することをいう．ここでは，化学風化の例を見てみよう．

たとえば，5章で見たように，岩塩NaClは水に溶解して，Na$^+$とCl$^-$を含む溶液となる．また，石灰石CaCO$_3$はCO$_2$の溶けた雨水と反応して，溶け出す（コラム：「緩衝作用」参照）．

鉄を含むカンラン石Fe$_2$SiO$_4$は酸化されて，ドロドロとした状態の水酸化鉄(III) Fe(OH)$_3$になり，さらに脱水してヘマタイト（赤鉄鉱）Fe$_2$O$_3$などのさまざまな鉄酸化物に変化する．

鍾乳洞は石灰岩が雨水や地下水などの侵食をうけてできたものである．

2. 土壌ってどのようなもの

土壌は，岩石が風化をうけて堆積したものに，生物の死骸や排泄物に由来する有機物などが混じり合って，長い年月をかけてつくり出されたものである．

土壌を構成するもの

土壌は，土砂や粘土のほかに，さまざまな有機物（動植物の死骸や排泄物，腐植），無機塩類（栄養分）などから構成され，さらに水や空気も含んでいる．

図6・2には，土壌を構成する粒子の大きさを示した．土壌中に礫（れき）や砂のような大きい粒子が多いと通気性や排水性が良くなり，粘土の

動植物の死骸や排泄物は微生物によって分解・再合成されて，さまざまな有機高分子化合物になる．これらを**腐植**という．腐植は土壌の性質を決める重要な要素である（後述）．

土は粒径が 75 mm 以下のものをいう．

粘　土	シルト	細砂	粗砂	礫
		砂		

粒径(mm)　0.005　　　0.074　　　　2.0　　　　　75.0

図 6・2　土の粒径と分類．土質工学会基準「日本統一土質分類」より

ような小さい粒子が多いと水や栄養分を保持する能力が高くなる．

粘土は粘土鉱物（おもに Al や Mg を含むケイ酸塩鉱物）が集まってできたものである．粘土鉱物は層状の構造をもち，ある種の粘土鉱物は層の間に陽イオンや水分子をたくわえている．

土壌中では，シルトや粘土のような小さな粒子が集まって**団粒**を形成する（図 6・3）．このとき，腐植などが糊となって，団粒を構成する粒子同士をくっつける．さらに，これらの団粒が集まって，より大きな団粒を形成する．

一次団粒が集まって二次団粒となりさらに二次団粒が集まって三次団粒を形成する．

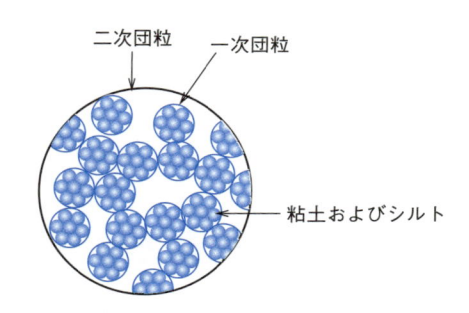

図 6・3　団粒の構造

発達した団粒の中には，さまざまなサイズのすき間が存在する．大きなすき間は通気性を良くし，小さなすき間は水や栄養分をたくさん保持できる．そのため，腐植を多く含み，発達した団粒をもつ土壌は植物がよく育つ，柔らかい良質の土となる．

土 壌 の 働 き

土壌中では，さまざまな微生物や小動物が活動している．また，植物は土壌中の栄養分を根から取込んで生育する．このように，土壌は多くの生

命を育み，地球環境を支える重要な場となっている．ここでは，土壌の働きについて見てみよう．

土壌の重要な働きとしては，以下のようなものがある．これらの働きはおもに粘土，腐植，微生物によってもたらされる．

① 粘土や団粒のすき間に水を保持する：保水力は粘土や大きな団粒を多く含むほど高くなる．

② 汚れた水を浄化する：浄化作用には粘土や腐植におけるイオン交換や有害物質を吸着する作用，土壌を構成する粒子によるろ過，微生物による有機物の分解などがある．

③ 土壌のpHを一定に保つ（緩衝作用）：この原理については，コラムを見てみよう．

④ 栄養塩類を保持する：この働きは保水力，イオン交換，吸着などが合わさってもたらされる．

"イオン交換"とは，粘土や腐植中に含まれたイオンが外部からやってきたイオンと交換することをいう．これによって，有害な重金属イオンなどを取込むことができる．

緩衝作用

通常，土壌水は中性である．たとえば，二酸化炭素 CO_2 が水に溶けると，H_2CO_3 が生じる．さらに，H_2CO_3 は水素イオン H^+ と炭酸水素イオン HCO_3^- になるため，酸性となる．

$$CO_2 + H_2O \rightleftharpoons H_2CO_3 \qquad (1)$$
$$H_2CO_3 \rightleftharpoons H^+ + HCO_3^- \qquad (2)$$

炭酸カルシウム（石灰石）$CaCO_3$ や苦土カンラン岩 Mg_2SiO_4 が H_2CO_3 と反応すると，HCO_3^- を生じるので，(2)式の反応は左に進み，H^+ が減ることになる．そのため，土壌水は再び中性に近づく．

このように，外からの作用に対して，その影響を和らげようとする作用のことを**緩衝作用**という．

---

3. 地球上における物質の循環

土壌も大気や水と同様に，さまざまな物質の移動に重要な役割を果たし

炭素の循環

図6・4は炭素の循環を示したものである．

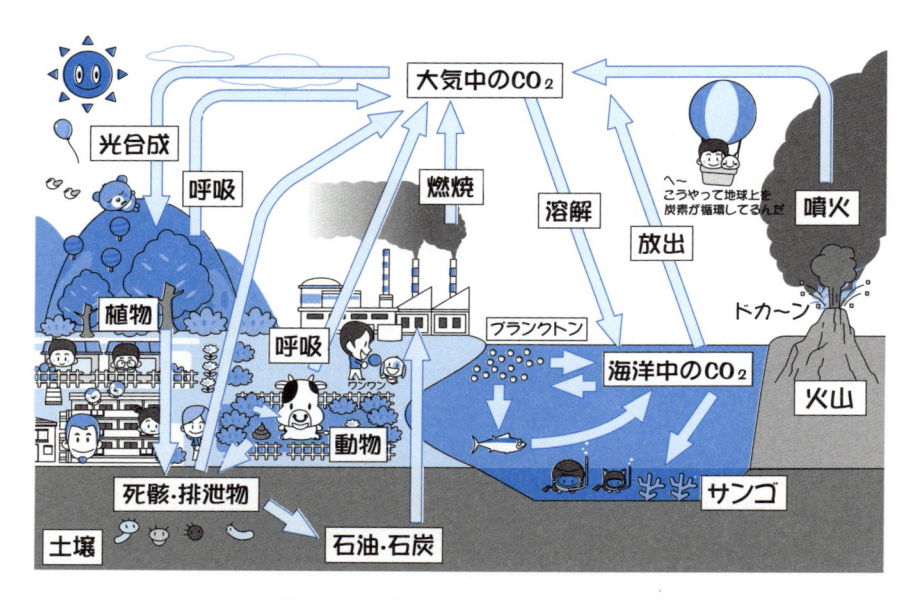

図 6・4　地球上における炭素の循環

① 植物などの光合成によって二酸化炭素 CO_2 から水と有機物が生産される．
② この一部は，呼吸によって分解され，有機物中の炭素は CO_2 として大気中に戻る．
③ 植物などが生産した有機物の一部は，食物連鎖によって移動する．
④ 動植物の排泄物や死骸は微生物により分解され，CO_2 となり，大気中に放出される．あるいは，土壌中に腐植などの有機物としてたくわえられる．化石燃料はこれらの有機物が長い時間をかけて変化してつくられたものである．そして，化石燃料の燃焼によって，CO_2 が大

気中に放出される．

⑤ 海洋でも CO_2 の吸収と放出が行われている．また，炭素は炭酸カルシウム $CaCO_3$ の形で海底堆積物やサンゴの骨格にたくわえられている．

窒素の循環

図 6・5 は窒素の循環を示したものである．

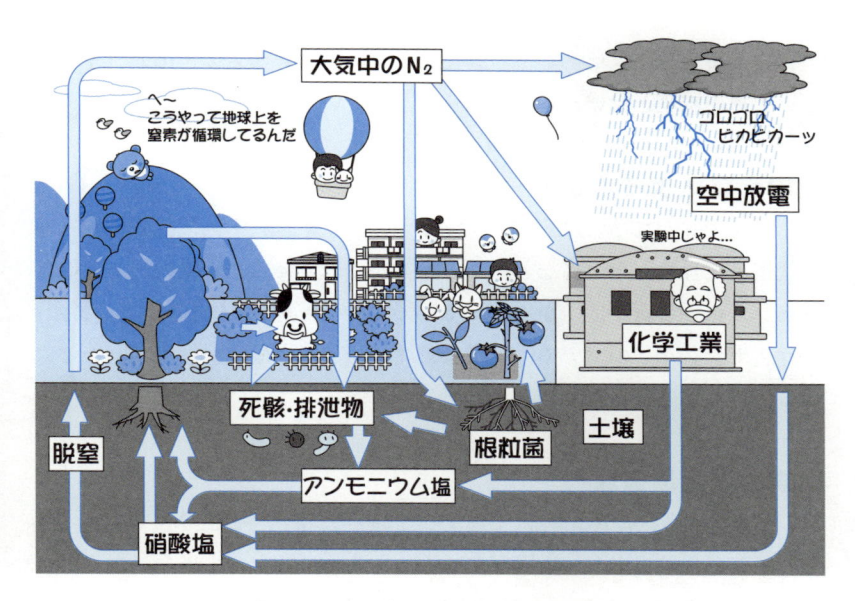

図 6・5 地球上における窒素の循環

① 大気中の窒素は，**窒素固定**を行う土壌中の細菌（根粒菌など）や水中のラン藻などによって直接利用され，アンモニウム塩や硝酸塩などの窒素化合物に変化する．また，大気中の窒素は雷などの空中放電により窒素酸化物に変化したり，化学工業による肥料などの生産に利用されている．

② 生物の死骸や排泄物に含まれる有機態窒素は，硝化細菌によってアンモニウムイオン NH_4^+ に変えられ，さらにある種の細菌によって硝酸イオン NO_3^- に変えられる．

化学工業による窒素固定はかなりの割合（全体の半分程度）を占める．

③ ①, ②でつくられた窒素化合物は植物の栄養分として吸収され, さらに食物連鎖によって移動し, 最終的にタンパク質やアミノ酸などになる.
④ ある種の細菌は, NO_3^- を還元して, N_2 として大気中に放出する. これを**脱窒**といい, N_2 のおもな発生源となっている.

4. 土壌の汚染と破壊

母なる大地はすべての陸上生物にとっての故郷である. このかけがえのない大地の汚染と破壊が現在, 急速に進んでいる.

化学物質による汚染

これまでに見てきたように, 農薬, PCB やダイオキシンなどの有害な有機塩素化合物, 重金属などによる汚染が生じている. 土壌の汚染は直接流出した化学物質だけでなく, 大気や水の汚染からも影響をうける. また, プラスチックなどのゴミや, 各種産業廃棄物あるいは放射性廃棄物などによる汚染も問題となっている.

大規模な土壌破壊

7章で見る酸性雨の影響によって, 土壌中に蓄積された Mg^{2+}, Ca^{2+} などの栄養成分が流出し, 土壌がやせる, あるいは粘土の主成分であるアルミニウムが有害な Al^{3+} となって流出し, 植物や森林の生育を妨げるなどの問題が生じている. また, 肥料を大量に使用すると, 土地の生産力が低下することが知られている.

砂漠化が現在, 世界的な規模で進行している. **砂漠化**とは,「乾燥, 半乾燥, 乾燥半湿潤地域における気候変動や人間活動などのさまざまな要素に起因する土地の劣化」と定義されている. 図 6・6 は砂漠化の現状を示したものである. 砂漠化の影響をうけている土地の面積は, 全陸地の約 4 分の 1 に及んでおり, 世界の人口の約 6 分の 1 が砂漠化の影響をうけている. また地域別では, アジアとアフリカで 3 分の 2 ほどを占めている.

砂漠化の原因には, 地球規模での気候変動や長期の干ばつなどの自然的

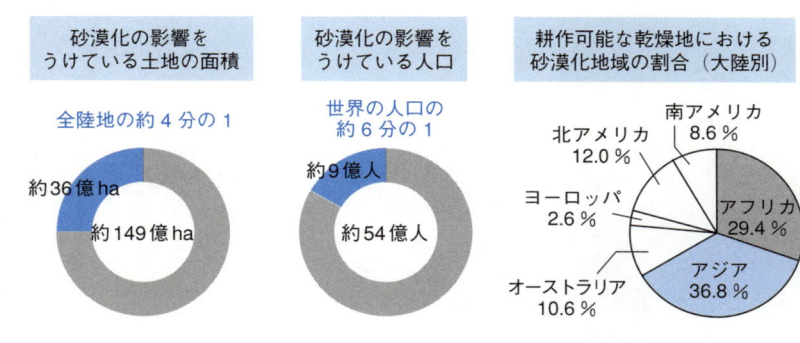

図 6・6 砂漠化の現状． UNEP「Desertification Control Bulletin」(1991) より

な要因と，過放牧，森林伐採，過耕作，不適切な灌漑（塩類集積など）などの人為的な要因がある．これらのうち，人為的な要因が砂漠化の大きな割合を占めている．

また，人為的要因の背景には，人口増加による食糧不足や貧困があるといわれている．

過放牧：過度の家畜の放牧により，植物が食い尽くされ，地面が荒らされる．

森林伐採：薪や炭にするために森林を過度に伐採すると，その復元が困難になる．

過耕作：ひとつの土地で連続して同じ農作物をつくると，土地がやせる．

塩類集積：土壌中に塩分の多い地域で，過剰の地下水をくみあげて農作物を栽培することなどによって，土地表面に塩分が蓄積するために，耕作ができなくなる．

7　地球環境問題

　いまや地球上には数え切れないほどの人々が生活している．そして，私たちはすべての人々の幸福を実現するために，さまざまな活動を行ってきた．しかしながら，産業の著しい発達や広範囲な経済活動はさまざまな環境汚染をひき起こしてきた．しかも，その影響はかつてのように限定された地域にとどまることなく，地球的な規模にまで広がりを見せている．ここでは，地球環境問題について，化学的な目を通じて見ていくことにしよう．

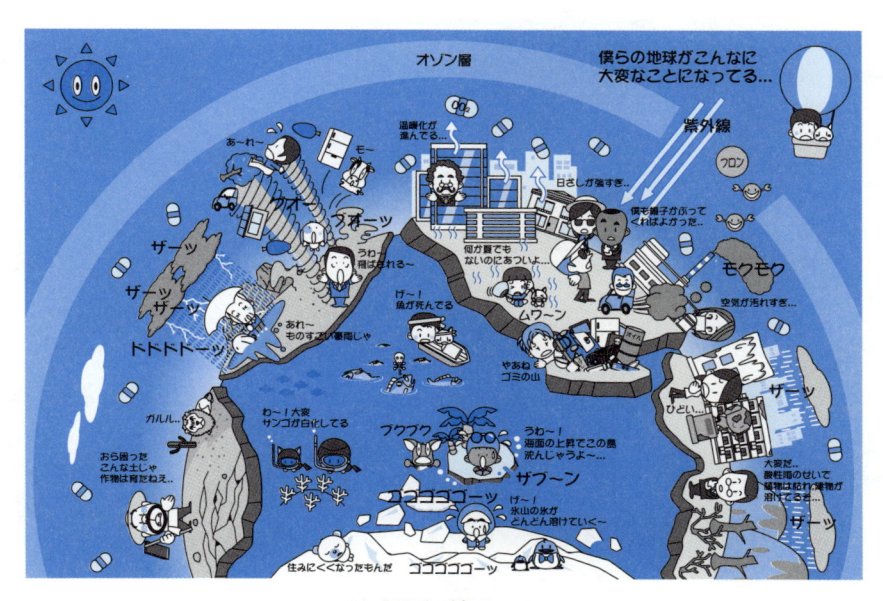

地球環境が危ない！！

82　Ⅲ. 地球環境の化学

1. 地球温暖化

　人類の活動によって，地球が温暖化している．地球温暖化は自然環境や生命に対して，計り知れない影響をもたらすといわれている．ここでは，地球温暖化の現状と，その原因および影響について見てみよう．

地球は温暖化している

　地球は気候の寒冷な氷河時代を繰返し迎えてきた．氷河時代といっても，長期間にわたって寒冷化しているわけではなく，寒冷な氷期と比較的暖かい間氷期が交互に訪れる．現在は，氷河時代の中の間氷期にあり，いずれは氷期に向かって，寒冷化すると考えられていた．

　ところが，図 7・1 に示すように地球の気温は上昇し続けており，地球全体が温暖化傾向にあるといわれている．そして，今後もこの傾向は続くと予測される．

気候変動に関する政府間パネル（IPCC）の第 4 次報告書（2007 年）では，1906 年から 2005 年の 100 年間に地球の平均気温は 0.74 ℃上昇したと報告されている．さらに，今世紀末の平均気温は 20 世紀末に比べて，1.1 〜 6.4 ℃上昇すると予測されている．
今回の報告書では，地球温暖化は確実に起きており，その原因は人間活動による可能性がかなり高いと強調されている．

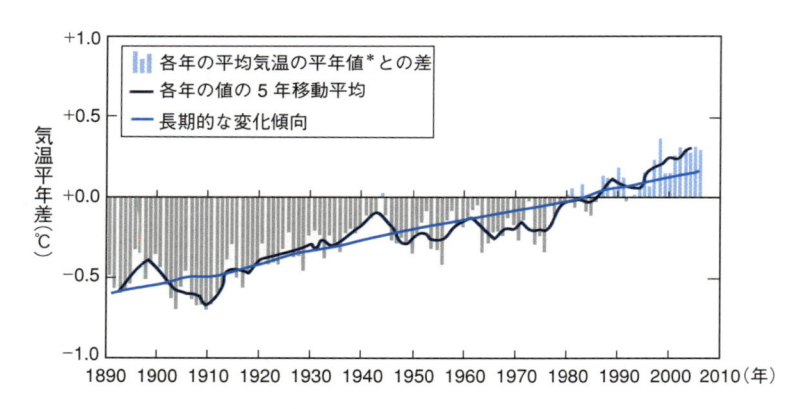

図 7・1　世界の年平均地上気温の平年差．＊平年値は 1971 〜 2000 年の 30 年平均値．気象庁統計情報（2006）より

地球温暖化のメカニズム

　太陽から地球上にやってくる光エネルギーの一部は雲や地表などにより反射されるが，残りの多くは地表に吸収され，熱に変化して地表を暖める．

そして，暖められた地表からはそのエネルギーが赤外線として宇宙に放出される．

一方，大気中に二酸化炭素などのガスが存在すると，赤外線の一部がこれらのガスに吸収され，地表に再び放出される（図7・2a）．その結果，地表がさらに暖められ，地球の温度が上昇する．これを**温室効果**といい，その効果をもたらす二酸化炭素などのガスを**温室効果ガス**という．

ところが，人間活動により大気中の温室効果ガスが急激に増加したために，大気中でさらに多くの赤外線が吸収され，地表に放出されることで，さらなる温暖化の進行を招くことになった（図7・2b）．これが"地球温暖化"の簡略化したメカニズムである．

> 地球に温室効果がなければ，15℃である現在の地球の平均気温は−18℃までに低下するといわれている．

> 地球を暖めるガスの効果は，植物を冷たい外気から守る温室に似ているので，"温室効果"とよばれている．

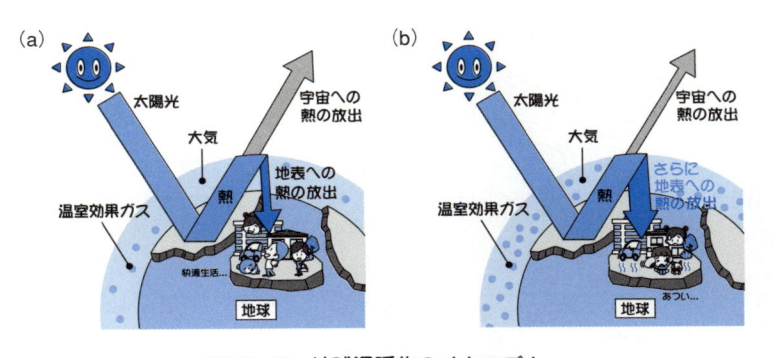

図7・2　地球温暖化のメカニズム

地球温暖化の原因

地球温暖化は，人間活動によって温室効果ガスが大気中へ大量に排出さ

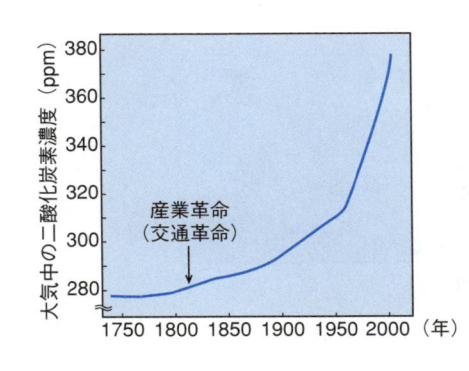

図7・3　大気中の二酸化炭素濃度の推移

> 産業革命は18世紀後半のイギリスで世界にさきがけて起こり，生産活動の機械化が進行した．
> 産業革命は交通にも大きな影響を及ぼすことになった．1769年のワットの蒸気機関の改良をきっかけに，その後，石炭を燃料とする蒸気機関車が製造され，1830年以降，鉄道の建設が急速に進み，重工業をさらに発展させた．

メタン，一酸化二窒素などの温室効果ガスも二酸化炭素と同様に増加し続けている．温室効果ガスの種類については，後述する．

れたために起こったものである．たとえば，温室効果ガスのひとつである二酸化炭素は産業革命以降，化石燃料の消費によって大気中に大量に排出され，現在でもその濃度は増加の一途をたどっている．

図 7・3 には，大気中の二酸化炭素濃度の推移を示した．産業革命当時，約 280 ppm であった二酸化炭素の濃度が，2005 年現在では 379 ppm にま

地球温暖化がもたらす影響

温暖化が地球環境や生命に与える影響には，計り知れないものがある．このような温暖化がもたらす影響を図1にまとめた（IPCC 第 4 次報告書をもとに作成）．

① 氷河が溶け，海水が熱膨張することで，海面が最大 59 cm 上昇する．そのため，陸地のかなりの部分が水没の危機にさらされる．

② マラリアなどの熱帯性の感染症が広がる．

③ 気候の変化と病害虫の増加で，農作物の生産が減少し，深刻な食糧不足を招く．

④ 台風やハリケーンの巨大化，集中豪雨，洪水，熱波，干ばつなどの増加．

⑤ 絶滅の危機にさらされる生物種が増える．平均気温が 1.5 ～ 2.5 ℃ 高くなると，20 ～ 30 % の生物が絶滅する恐れがあるといわれている．

⑥ 二酸化炭素の増加により海水の酸性化が進み，サンゴ礁の死滅など，海洋生態系へ影響を与える．

図 1 地球温暖化がもたらす影響

で増加している．

2. 温室効果ガス

ここでは，地球温暖化を推し進める原因となる温室効果ガスについて見てみよう．地球温暖化問題を解決するためには，温室効果ガスの排出削減が必要不可欠になる．

温室効果ガスの種類と地球温暖化指数

表7・1には，おもな温室効果ガスを示した．温室効果ガスには，二酸化炭素，メタン，一酸化二窒素，フロン類などがある．また，**地球温暖化指数**は地球温暖化を推し進める度合いを示すものである．この数値が大きいほど，温暖化の効果が大きくなる．二酸化炭素の温暖化指数が最も小さく，フロン類の値が非常に大きいことがわかる．

地球温暖化への寄与

図7・4は温室効果ガスによる地球温暖化の直接的寄与度を示した．最も温暖化に寄与しているものは，二酸化炭素であることがわかる．つぎに寄与が大きいのはメタンである．なぜ，二酸化炭素は温暖化指数が小さいのに，温暖化への寄与が大きいのだろうか？これは，二酸化炭素の大気中への排出量が化石燃料の燃焼などによって，非常に多いことがあげられる（コラム参照）．

一方，フロン類は温暖化指数が非常に大きいため，わずかな量でも温暖化への寄与が大きくなる．また，大気中での寿命が長いために，その影響は長期間に及ぶ．

3. オゾン層の破壊

太陽から地球に降り注ぐ紫外線は，生命に対して有害なものである．大気中に存在するオゾン層は有害な紫外線を吸収し，地球上の生命を守る役割を果たしている．ところが近年，オゾン層にあるオゾンの量が減少して

地球温暖化防止の技術的方法については8,9章で，総合的な対策については10章でふれる．

表7・1 温室効果ガスと地球温暖化指数

温室効果ガス	地球温暖化指数（GWP）
二酸化炭素 CO_2	1
メタン CH_4	23
一酸化二窒素 N_2O	296
フロン類	数百〜数万（表7・2参照）

GWPは CO_2 の単位重量あたりの温暖化効果を1として算出．

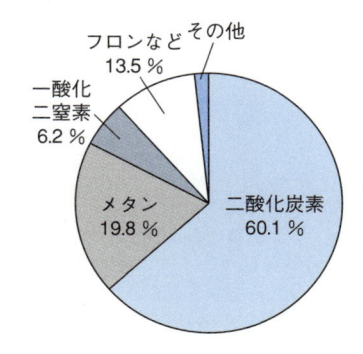

図7・4 温室効果ガスによる地球温暖化への直接的寄与度．
環境省「平成14年度版環境白書」より

- 二酸化炭素 60.1 %
- メタン 19.8 %
- 一酸化二窒素 6.2 %
- フロンなどその他 13.5 %

二酸化炭素の発生量

二酸化炭素のおもな発生源は化石燃料の燃焼である．ここでは，石油を燃焼すると，どのくらいの CO_2 が発生するのかを見てみよう．

石油の主成分のひとつは飽和炭化水素であり，飽和炭化水素の分子式は C_nH_{2n+2} で表される．石油の燃焼は石油が酸素と反応することであり，その反応は図1のようになる．これから，石油1分子から n 分子の CO_2 が発生することがわかる．ここで簡単のために飽和炭化水素の分子量を $14n$ とすると，石油の燃焼によって $44n$ の分子量の CO_2 が発生する．よって，石油 14 kg（ほぼ 20 L に相当）が燃焼すれば，石油の質量の約3倍になる 44 kg の CO_2 が発生することになる．

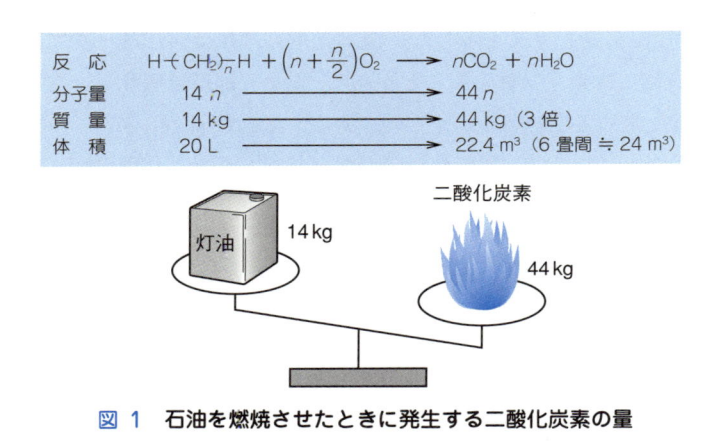

反 応	H$\mathrm{-(CH_2)}_n$H + $(n+\frac{n}{2})$O$_2$	$\longrightarrow$	nCO$_2$ + nH$_2$O
分子量	14 n	$\longrightarrow$	44 n
質 量	14 kg	$\longrightarrow$	44 kg（3倍）
体 積	20 L	$\longrightarrow$	22.4 m³（6畳間 ≈ 24 m³）

灯油 14 kg — 二酸化炭素 44 kg

図1 石油を燃焼させたときに発生する二酸化炭素の量

いることが世界各地で観測され，生命へのさまざまな影響が懸念されている．

オゾン層

オゾン層はそのほとんどが，上空 15～50 km にある成層圏に存在している．オゾン O_3 は酸素分子 O_2 が紫外線を吸収して解離して生じた酸素原子 O が他の酸素分子と結合することで生成する（図7・5の式(1), (2)）．このようにして生じた O_3 は紫外線を吸収して，O_2 と O に分解する（式(3)）．一方で，O_3 は(2)式の反応により再生するか，あるいは(4)式に示した酸素原子との反応において消滅する．

紫外線（波長 200～400 nm）にはいくつか種類がある．特に波長の短い紫外線はエネルギーが大きいので，与える影響も大きい．そのなかでも UV-B（280～315 nm）は地上に届くため，生命にとっての危険性も大きい．

7. 地球環境問題

$$O_2 \xrightarrow{紫外線} 2O \qquad (1)$$
$$O_2 + O + M \longrightarrow O_3 + M \qquad (2)$$
$$O_3 \xrightarrow{紫外線} O_2 + O \qquad (3)$$
$$O_3 + O \longrightarrow 2O_2 \qquad (4)$$

図 7・5 オゾンの生成と消滅. M はこの場合,窒素分子,酸素分子であり,これらとの衝突によりオゾンの生成が促進される

実際のオゾン濃度は図7・5のモデルだけでは説明できない.そのほか,オゾンの消滅には ·OH,NO,ハロゲン原子がかかわっている.

上記の反応のバランスにより,成層圏のオゾンの量は一定に保たれている.

オゾンホール

近年,一定に保たれているはずのオゾンの量が減少し,オゾン層の破壊が進んでいることが明らかとなった.南極上空ではオゾン層の極端に少ない部分である**オゾンホール**(オゾン層に穴があいたように見える)が観測されている.図7・6は,南極上空のオゾンホールの経年変化を示したものである.1980年前半からオゾンホールが拡大し,現在も縮小の兆しが見えない.

オゾン層破壊による影響

オゾン層の破壊によって,地上に到達する紫外線の量が増加する.特に

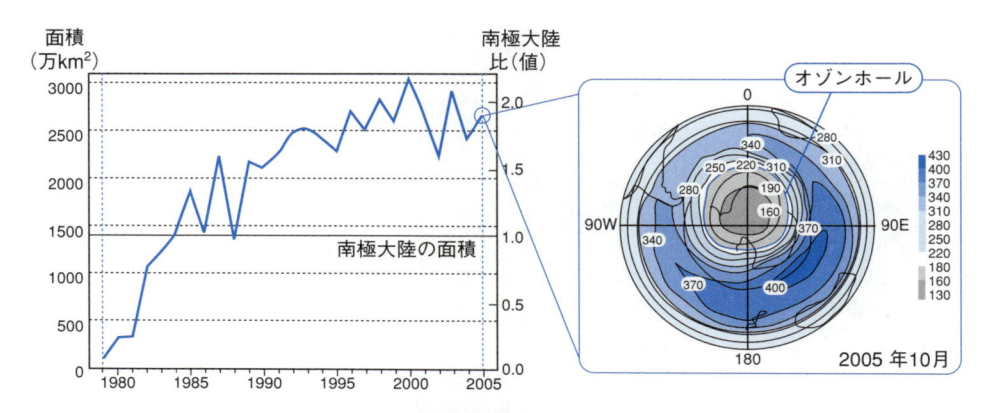

図 7・6 南極上空でのオゾンホール面積の経年変化(左)とオゾン量分布(右).気象庁オゾン層観測報告 2005 より.右図のオゾン量の単位は m atm-cm(ミリアトムセンチメートル)で0℃,1気圧の地表に集めたときの厚さを表す.たとえば,オゾン全量 300 m atm-cm は,厚さ 3 mm に相当する.

オーストラリアでは有害な紫外線から守るために，「長そでのシャツを着よう」，「日焼け止めのクリームを塗ろう」，「帽子をかぶろう」という呼びかけを行っている．

オゾンホールが拡大している南半球のニュージーランドやオーストラリアなどでは，紫外線量の増加が深刻な問題となっている．また，わが国上空のオゾン量は1980年代に減少したが，1990年代中ごろからはほとんど変化がないか，ゆるやかな増加傾向にある．

有害な紫外線量の増加による人体への影響として，皮膚がんや白内障の発生，免疫機能低下などがあげられる．また，植物の生育を妨げるなどの影響も見られる．

4. オゾン層破壊はなぜ起こるのか

本来，成層圏中のオゾン量は一定に保たれているはずである．ところが，

表 7・2　オゾン層破壊物質および代替フロン

	名　称	オゾン破壊係数	地球温暖化指数	おもな用途
オゾン層破壊物質	CFC（クロロフルオロカーボン） 　CFC-11（CFCl$_3$） 　CFC-12（CF$_2$Cl$_2$） 　CFC-113（C$_2$F$_3$Cl$_3$）	0.6〜1.0 1.0 1.0 0.9	4600〜14000 4600 10600 6000	冷蔵庫，エアコンなどの冷媒，洗浄剤，発泡剤
	ハロン	3.0〜10.0	470〜6900	消火剤
	四塩化炭素 CCl$_4$	1.1	1800	一般溶剤，研究開発用
	1,1,1-トリクロロエタン CH$_3$CCl$_3$	0.1	140	部品の洗浄剤
	HCFC（ハイドロクロロフルオロカーボン） 　HCFC-22（CHF$_2$Cl） 　HCFC-142b（CF$_2$ClCH$_3$）	0.01〜0.552 0.055 0.066	120〜2400 1700 2400	冷媒，発泡剤，洗浄剤
	臭化メチル CH$_3$Br	0.6	—	土壌殺菌，殺虫剤
代替フロン	HFC（ハイドロフルオロカーボン） 　HFC-23（CHF$_3$） 　HFC-134a（CH$_2$FCF$_3$）	0 0 0	12〜12000 12000 1300	冷媒，発泡剤
	PFC（パーフルオロカーボン）	0	5700〜11900	洗浄剤，半導体製造
	六フッ化硫黄 SF$_6$	0	23900	半導体製造 電気絶縁機器

オゾン破壊係数は CFC-11 の単位重量あたりのオゾン破壊効果を1として算出
環境庁パンフレット「オゾン層を守ろう」（平成15年9月）などより

実際にはオゾン量が減少し，オゾン層の破壊が進んでいる．オゾン層破壊の原因は，私たちの生活の中で使われている化学物質であることがわかっている．

オゾン層を破壊する化学物質

オゾン層を破壊する原因となる化学物質を表7・2にいくつか示した．その代表的なものは，**フロン**という人工化学物質である．フロンは塩素，フッ素，炭素からなる化合物（クロロフルオロカーボン，CFC）の総称である．フロンはわが国でのみ使用されている通称名である．表7・2に示したハロゲン原子を含む炭化水素のことを，一般には**ハロカーボン**という．

フロンはエアコンや冷蔵庫などの冷媒，スプレーの噴射剤，電子部品の洗浄剤などとして大量に生産され，使用されてきた．フロンは安定な物質であるために，大気中に放出されると長期間とどまり，そのままの形で成層圏に到達し，オゾン層を破壊する．

また，オゾン層を破壊する化学物質として，CFC 以外にも消火剤であるハロン（フロンのうち臭素を含むもの）や，洗浄剤であるトリクロロエタンなどもあげられる．

オゾン層を破壊する別の要因として，火山の大噴火もあげられる．大量の噴煙によってオゾン層が破壊されたことが観測されている．

フロンによるオゾン層破壊のしくみ

図7・7はフロンによるオゾン層破壊のしくみを示したものである．フロンが紫外線により分解されると，塩素ラジカル Cl· が生成する．そして，

オゾン消滅の反応は，以下のように示される．

オゾン消滅
$$X + O_3 \longrightarrow XO + O_2$$
ラジカル再生
$$XO + O \longrightarrow X + O_2$$
ラジカル X に相当するものは，OH，NO，Cl，Br である．

図 7・7　フロンによるオゾン層の破壊

この Cl· がオゾンと反応する．この反応は繰返し起こり，結果として 1 個の Cl· が非常に多く（この場合 1 万個程度）のオゾンを破壊することになる．

オゾン層を守るための取組み

オゾン層を破壊する化学物質の具体的な規制を定めたものが，1987 年に採択された**モントリオール議定書**である．その後，オゾン層の破壊が予想を超えて進んだために，何度か議定書は見直され，生産全廃までの目標到達時期が早められたり，新たな規制物質が追加されるなどの処置がとられてきた．

その結果，大気中のフロンの濃度は，1990 年代半ばくらいから減少傾向にある．しかしながら，フロンの種類によっては，上空のオゾン層に到達するのに数十年かかるものもあり，現在でもオゾンホールが縮小しない理由のひとつとなっている．

ただし，規制以前に生産された製品などにはフロンなどが使われており，使用後に回収するなどの取組みがわが国では"家電リサイクル法"など（10 章参照）によって行われている．

一方，フロンに代わる化学物質として，塩素を含まない代替フロンの開発が進められている．代替フロンにはハイドロフルオロカーボン（HFC），パーフルオロカーボン（PFC），六フッ化硫黄 SF_6 がある．しかし，これらはいずれも強力な温室効果ガスであることがわかっている（表 7・2）．

代替フロンは地球温暖化防止のために，京都議定書（10 章参照）において削減物質の対象になっている．

そのため，炭化水素（イソブタンなど）などを使用した"ノンフロン"製品の開発が進められている．

5. 酸 性 雨

酸性の強い雨である"酸性雨"により，さまざまな生態系への影響が懸念されている．酸性雨は原因物質の発生源から遠く離れた地域でも見られ，国境を越えた環境問題のひとつとなっている．

酸性雨とは

雨は大気中の二酸化炭素が炭酸 H_2CO_3 となって溶け込んでいるために，弱酸性を示す．二酸化炭素が飽和した場合には，雨の pH は 5.6 になる（コラム「雨の pH」参照）．

雨の pH

二酸化炭素 CO_2 が溶けた雨の pH について，実際に計算してみよう．CO_2 は水に溶けると，炭酸 H_2CO_3 になる（反応1）．この反応の平衡定数 K_1 は式(1)で与えられる．ここで，$p(CO_2)$ は二酸化炭素の圧力（分圧）である．

反応1： $CO_2 + H_2O \rightleftarrows H_2CO_3$

$$K_1 = \frac{[H_2CO_3]}{p(CO_2)} \quad (1)$$

炭酸は反応2によって解離して，H^+ と炭酸水素イオン HCO_3^- になる．反応2の平衡定数 K_2 は式(2)となる．ここで反応2では H^+ と HCO_3^- の濃度は同じなので，式(2)の分子は $[H^+]^2$ となる．

反応2： $H_2CO_3 \rightleftarrows H^+ + HCO_3^-$

$$K_2 = \frac{[H^+][HCO_3^-]}{[H_2CO_3]} = \frac{[H^+]^2}{[H_2CO_3]} \quad (2)$$

よって，式(1)と式(2)から，水素イオン濃度 $[H^+]$ が求められ，式(3)で表せられる．

$$[H^+] = \{K_1 K_2\, p(CO_2)\}^{1/2} \quad (3)$$

大気中の二酸化炭素の濃度は約 360 ppm（3.6×10^{-4} atm）であり，$K_1 = 4 \times 10^{-2}$ (mol L^{-1} atm^{-1})，$K_2 = 4 \times 10^{-7}$ (mol L^{-1}) である．式(3)にそれぞれの値を代入して $[H^+]$ を求め，その結果から pH = 5.6 が得られる．

$$pH = -\log[H^+] = -\log(2.4 \times 10^{-6}) = 5.6$$

ところが，硫黄酸化物 SO_x や窒素酸化物 NO_x が雨に溶け込むと，さらに酸性が強くなり，pH は 5.6 以下になる．これを **酸性雨** とよんでいる．

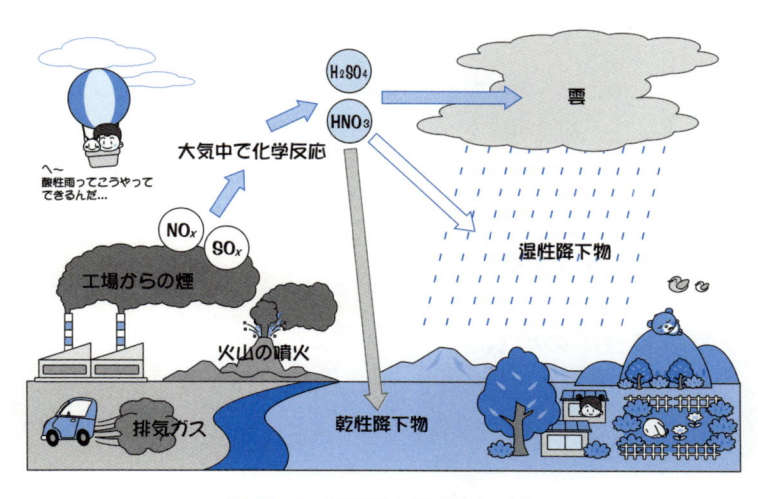

図 7・8　酸性雨の発生のしくみ

酸性雨の発生のしくみ

図 7・8 は酸性雨の発生のしくみを簡略化したものである.

化石燃料の燃焼（火力発電所，工場，自動車など）や火山活動などから排出された硫黄酸化物 SO_x や窒素酸化物 NO_x が，大気中で酸化反応や光化学反応により水と反応して，強酸である硫酸 H_2SO_4 や硝酸 HNO_3 などの酸性物質となる．これらが雲に取込まれたり，あるいは雨滴が大気中を降下しているときに取込まれて，酸性雨となる．このほか，酸性物質が直接地上に降下することもある．

酸性雨による被害

酸性雨による湖沼，森林，土壌などの生態系や建造物などへの悪影響が懸念されている．欧米ではすでに酸性雨による被害が報告されている．

ここでは，酸性雨によってどのような被害がもたらされるのかを見てみよう．

水系：湖沼や河川の水が酸性化されると，プランクトンなどの微生物に影響を与える．プランクトンの減少は，それらを食糧とする魚類の死滅につながる．

土壌：土壌が酸性化すると，微生物による有機物質の分解が抑えられ，土壌の栄養状態が悪くなる，あるいは土壌中に有害なイオンなどが溶け出す．

植物：上記の土壌への影響のため植物の生育が悪くなる．また，酸性雨に直接ふれると，細胞が破壊され，やがては枯死する．

建造物：銅像などは腐食され，ときには姿を変えるほどになる．大理石，石灰岩，セメントなどの炭酸カルシウム $CaCO_3$ を多く含む建造物は溶解などが起こり，構造的な被害を受ける．

わが国の酸性雨の現状

わが国では，欧米などと同程度の酸性雨が全国的に観測されている（図 7・9）．ただし，生態系への具体的な被害などは明らかになっていない．

7. 地球環境問題

14年度平均/15年度平均/16年度平均
全国平均　4.79/4.71/4.75

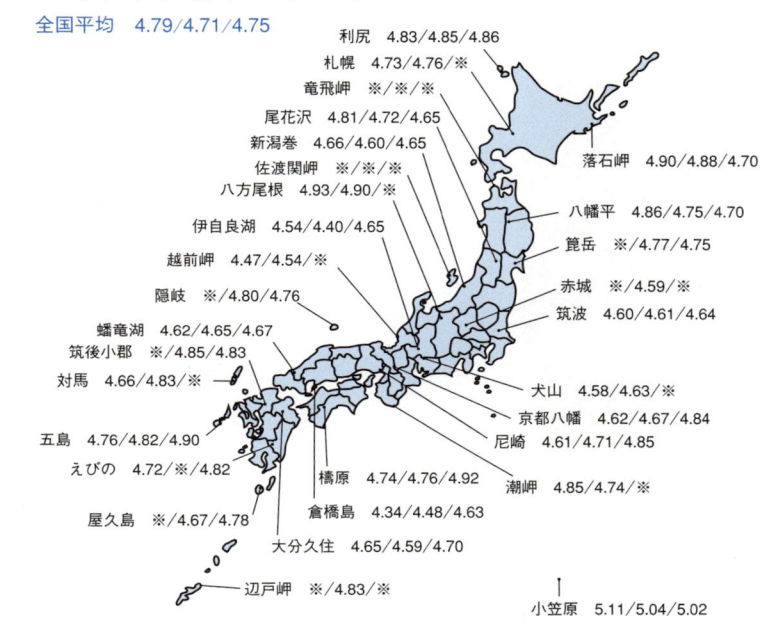

利尻　4.83/4.85/4.86
札幌　4.73/4.76/※
竜飛岬　※/※/※
尾花沢　4.81/4.72/4.65
新潟巻　4.66/4.60/4.65
佐渡関岬　※/※/※
八方尾根　4.93/4.90/※
伊自良湖　4.54/4.40/4.65
越前岬　4.47/4.54/※
隠岐　※/4.80/4.76
蟠竜湖　4.62/4.65/4.67
筑後小郡　※/4.85/4.83
対馬　4.66/4.83/※
五島　4.76/4.82/4.90
えびの　4.72/※/4.82
屋久島　※/4.67/4.78
辺戸岬　※/4.83/※

落石岬　4.90/4.88/4.70
八幡平　4.86/4.75/4.70
箟岳　※/4.77/4.75
赤城　※/4.59/※
筑波　4.60/4.61/4.64
犬山　4.58/4.63/※
京都八幡　4.62/4.67/4.84
尼崎　4.61/4.71/4.85
潮岬　4.85/4.74/※
橿原　4.74/4.76/4.92
倉橋島　4.34/4.48/4.63
大分久住　4.65/4.59/4.70
小笠原　5.11/5.04/5.02

図 7・9　降水中の pH の分布図．平均値は降水量加重平均値である．
※ は年平均値を無効と判断したもの．環境省「平成 18 年度版環境白書」より

酸性雨の対策

　酸性雨は国境を越えた広い範囲にわたる環境問題であり，その影響は長期間を経て現れる．そのため，各国が協力して解決にあたり，酸性雨の状況を継続して監視していくことが必要である．

　また，原因物質の排出削減も重要である．硫黄酸化物や窒素酸化物の排出抑制の技術的な方法については，すでに 4 章でふれている．

東アジア地域における酸性雨への取組みとして，「東アジア酸性雨モニタリングネットワーク（EANET）」による監視と調査研究が，2001 年から本格的に実施されている．

IV

環境を守る化学

8 エネルギーと環境

　私たちの社会や毎日の生活を支えるために，エネルギーは欠かすことのできないものである．これまで，人類はさまざまな種類のエネルギーを利用してきた．そして，快適で便利な生活を追い続けてきた結果，莫大な量のエネルギーが使用され，さらにその消費は増加の一途をたどっている．
　しかしながら，エネルギー資源は有限であり，安定な供給を確保するた

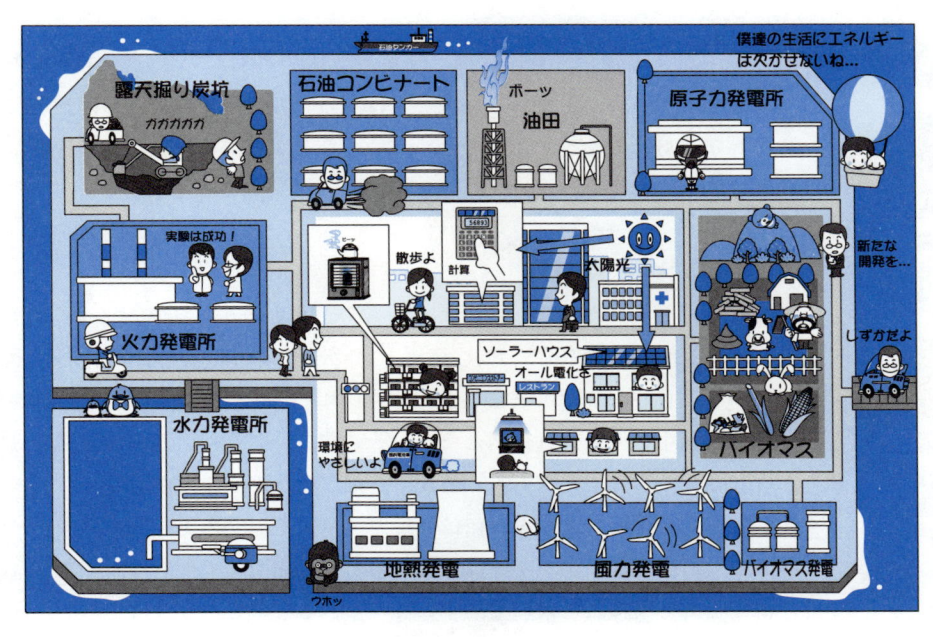

私たちの暮らしを支えるエネルギー

めには，さまざま課題が残っている．また，人間活動によってもたらされた地球環境問題を解決するためにも，クリーンで持続的なエネルギーの開発が求められている．

ここでは，まず私たちの暮らしとエネルギーのかかわりについて眺めてから，現在使用されているエネルギーを具体的に見てみよう．そして，最後に，持続可能な社会を形成するための新たなエネルギー源についてふれることにしよう．

1. 私たちの暮らしとエネルギー

人類とエネルギーのかかわりは，太古の"火"の使用にまでさかのぼる．火を起こして薪を燃やし，暖をとったり，食物を調理することなどに使われていた．その後，水力や風力などが動力源として利用されてきた．そして，1760年代にはじまる産業革命によって，石炭が主要なエネルギー源となる．このころから，人類が消費するエネルギーの量が急激に増加しはじめた．

さらに，石油が大量に採掘されると，1960年代には石油がエネルギーの主役となった．しかし，化石燃料は限られた資源であり，その燃焼により環境に好ましくない影響を与えることなどから，これらに代わる新たなエネルギーの開発が進められている．

エネルギーの種類

まず，エネルギーにはどのようなものがあるのかを見てみよう．図8・1はエネルギー源の種類を示したものである．エネルギー源は化石エネルギーと非化石エネルギーに大きく分けられる．**化石エネルギー**は動植物の遺体が地中に埋められ化石となり，それが長い間熱や圧力の作用を受けて変化してできたものであり，石炭，石油，天然ガスなどがある．

一方，**非化石エネルギー**には原子力エネルギーや再生可能エネルギーがある．**再生可能エネルギー**は一度使用しても短期間で再生可能であり，資源が枯渇せずに次世代に受継ぐことのできるものをいう．再生可能エネルギーには，風力，水力，太陽エネルギーなどの自然エネルギーとバイオマ

エネルギーには直接利用しにくいものと直接利用できるものがある．前者を"一次エネルギー"，後者を"二次エネルギー"という．一次エネルギーは，石炭，石油，天然ガス，自然エネルギー，原子力エネルギーであり，二次エネルギーは電力，ガソリン，都市ガスなどである．二次エネルギーは利用しやすいように一次エネルギーを転換したものである．

8. エネルギーと環境

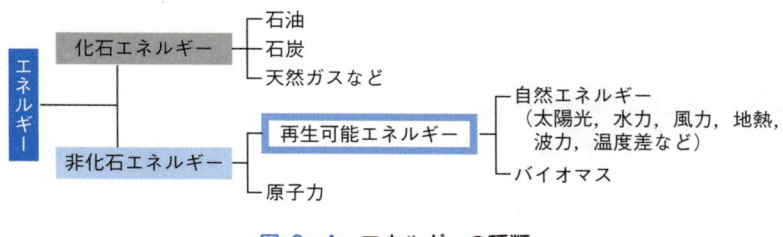

図 8・1 エネルギーの種類

わが国のエネルギー事情

わが国はエネルギー資源に乏しく，大部分を輸入に頼っている．エネルギーの自給率はわずか 4 % であり，原子力を国産のエネルギーとしても 16 % 程度である．

わが国では，1960 年代にエネルギー源が石炭から石油に切り替えられた．図 8・2 (a) に見るように，1973 年にはエネルギー供給のかなりの部分を石油が占めていた．しかし，その年に発生した第一次オイルショックをきっかけに，石油依存からの脱却を図り，石油に代わるエネルギーとして原子力や天然ガスなどが導入された．さらにその後，環境への負荷が少なく，持続可能なものとして，再生可能エネルギーの導入が進められ，エネルギー源の多様化が図られている．

また，発電分野においては，さらに石油から原子力や天然ガスへの代替

先進国のエネルギー自給率は，イタリア 15 %，ドイツ 26 % (39 %)，フランス 8 % (50 %)，アメリカ 63 % (72 %)，イギリス 96 % (106 %)，カナダ 140 % (148 %)となっている (2003 年現在)．( ) 内は原子力を国産とした場合の数値である．

2011 年 3 月に起きた福島第一原子力発電所事故はわが国のエネルギー事情に大きな影響を与えている．

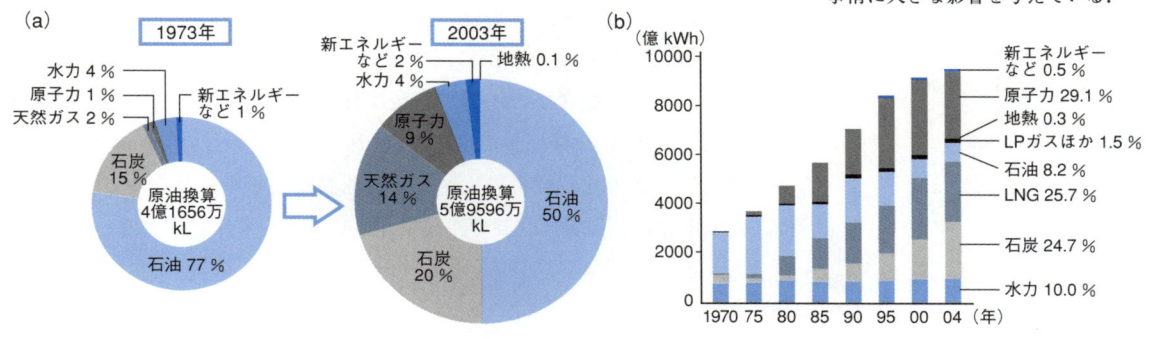

図 8・2 わが国の一次エネルギー供給の推移 (a) および発電電力量の推移 (b)．経済産業省資源エネルギー庁パンフレット「日本のエネルギー 2006」より

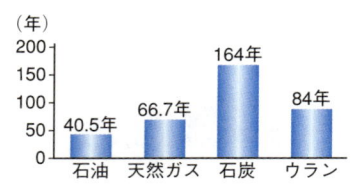

図 8・3 世界のエネルギー資源可採年数． 2004 年現在

が大きく進んでいる（図 8・2b）

限りあるエネルギー資源

現在利用されているエネルギー資源の多くは，有限であることを忘れてはならない．図 8・3 は世界のエネルギー資源の可採年数を示したものである．ここで可採年数とは，現状の生産量であと何年生産が可能であるかを表した年数のことをいう．

これらの資源が枯渇すれば，安定なエネルギーの供給は不可能になる．そのため，これらに代わるものとして，太陽光や風力などの持続的に使用できるエネルギーを利用できるシステムの開発が必要になる．それらは地球温暖化防止などの観点から，環境にやさしいクリーンなエネルギーであることも考慮に入れなければならない．さらには，大量消費社会からの脱却を図り，効率的なエネルギーの利用を実現することも重要となる．

2．化石エネルギー

産業革命以来，私たちの生活を支えてきたエネルギーは石炭，石油，天然ガスの化石エネルギーである．これらは，太古より長い時間をかけてつくり出された限りある資源である．

石　炭

石炭は縮合した多環式芳香族炭化水素を多く有する高分子化合物からできている．炭素や水素のほかに，さまざまな不純物（酸素，硫黄，窒素，金属元素，水分）を含んでいる．石炭は石油に比べて，可採埋蔵量が多いので再びエネルギー源として見直されている．ただし，図 8・4 に示したように石炭は他の化石燃料に比べて，地球温暖化の原因となる二酸化炭素や，窒素酸化物，硫黄酸化物の排出量が多いことなどが課題となっている．

石　油

石油（原油）の主成分は炭化水素であり，石炭に比べて不純物は少ない．石油に含まれている炭化水素にはさまざまな種類があり，図 8・5 に示し

縮合とは，官能基（2 章参照）をもつ化合物から水やアルコールなどの簡単な分子がとれて，新しい結合ができることをいう．
多環式芳香族炭化水素とは，ナフタレンやアントラセンのように芳香環を二つ以上含む炭化水素のことをいう（図 8・5 参照）．

現在，石炭を効率的に燃焼して，環境負荷を低減する技術開発が日本をはじめとする先進国で進んでいる．これを"クリーン・コール・テクノロジー"とよんでいる．

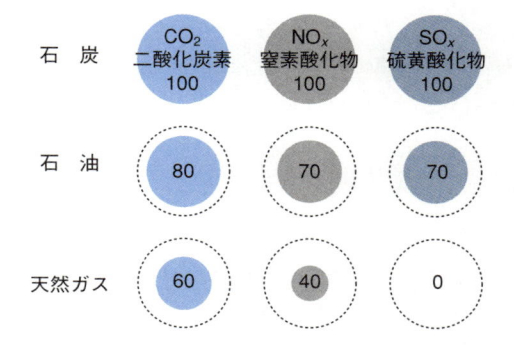

図 8・4 化石燃料における二酸化炭素などの排出量の比較.
石炭を 100 とした場合の発生量（燃焼時）.

アルカン系炭化水素

プロパン　　ブタン　　メチルプロパン（イソブタン）　　メチルブタン（イソペンタン）

シクロアルカン系炭化水素

シクロペンタン　シクロヘキサン　メチルシクロペンタン　ジメチルシクロヘキサン　エチルメチルシクロペンタン

芳香族炭化水素

ベンゼン　トルエン　キシレン　クメン　ナフタレン　アントラセン

図 8・5 石油に含まれる炭化水素の例

た飽和炭化水素であるアルカン（パラフィン）とシクロアルカン（ナフテン），および芳香族炭化水素が主になっている．その組成や性質は産地や生成年代などによって異なる．

石油に含まれる各炭化水素は沸点の範囲が異なるので，分留によって分けることができる．各留分はそれぞれの性質により，液化石油ガス，揮発

わが国では，石油のほとんどが海外から輸入され，そのうち中東からの輸入が 9 割を占めている．

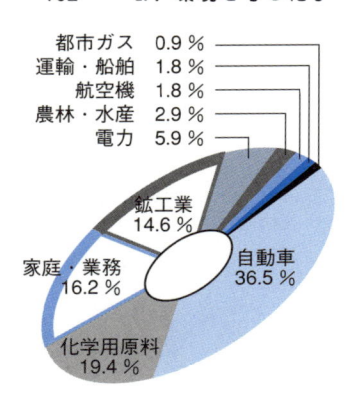

都市ガス 0.9 %
運輸・船舶 1.8 %
航空機 1.8 %
農林・水産 2.9 %
電力 5.9 %
鉱工業 14.6 %
自動車 36.5 %
家庭・業務 16.2 %
化学用原料 19.4 %

図 8・6　石油製品の用途別需要量. 石油連盟（2004 年度）より

油（ガソリン），灯油，軽油，重油などの製品となる（分留温度の低い順に並べた）．石油は自動車の燃料や化学製品の原料などとして，さまざまな分野で使用されている（図 8・6）．

天 然 ガ ス

天然ガスはメタン CH_4 を主成分とする可燃性ガスであり，可採埋蔵量が多く，世界各地に広く存在する．石油の代替エネルギーとして，エネルギー供給の割合が増加している（図 8・2 参照）．

わが国では天然ガスはほとんど産出されず，輸入に依存している．天然ガスは－162 ℃まで冷却して液体になった"液化天然ガス"（LNG）の形でわが国に運ばれ，気体に戻してから発電所や家庭に供給される．

図 8・4 に示したように，天然ガスは石炭や石油の燃焼時に比べ，二酸化炭素や窒素化合物の排出量が少なく，硫黄酸化物はまったく排出しないため，火力発電所の燃料，都市ガス，自動車用燃料など幅広い普及が期待されている．

火 力 発 電

化石燃料による火力発電は発電電力量の 60 % 程度を占めている（図 8・2b 参照）．

火力発電は石炭，石油，天然ガスなどを燃料として，発電することをいう．図 8・7 は火力発電のしくみを簡単に示したものである．燃料をボイラーで燃やし，水を高温の水蒸気に変える．そして，水蒸気の力によって

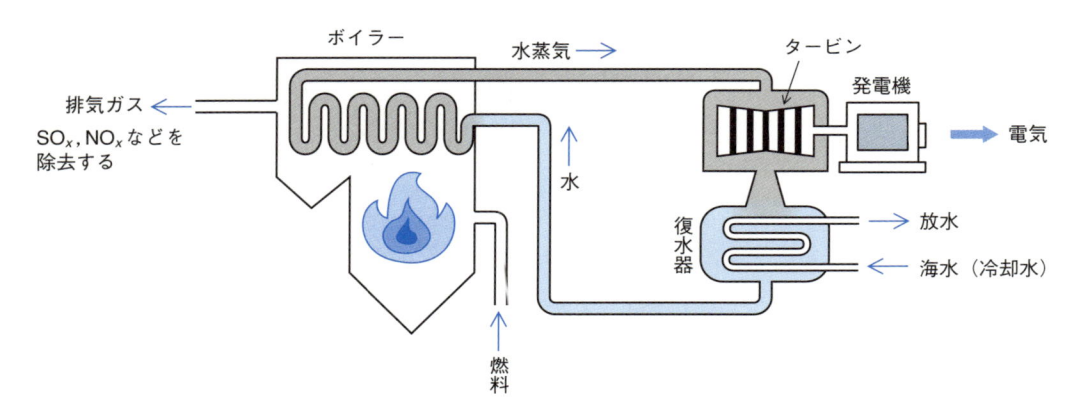

図 8・7　火力発電のしくみ

タービンを回し，タービンにつながった発電機で電気をつくり出す．

最近では，熱から電気へのエネルギー変換の効率を高めるために，上記の蒸気タービンにガスタービンを組合わせた"コンバインドサイクル発電"が導入されている．この方式による発電によって，エネルギー効率の50％超えが達成されている．

コンバインドサイクル発電は，圧縮された空気の中で燃料を燃やしてガスを発生させ，その圧力でガスタービンを回して発電し，その排ガスの余熱を利用して水を水蒸気に変え，蒸気タービンを回して電気を発生させる方法である．

メタンハイドレート

「燃える氷」とよばれるメタンハイドレートは次世代のエネルギー資源として注目されている．図1に示すように，メタンハイドレートは水分子のつくるカゴ（籠）の中にメタンが取込まれた氷状の物質である（実際には氷ではない）．これに火をつけるとメタンが燃えて，あとには水だけが残る．

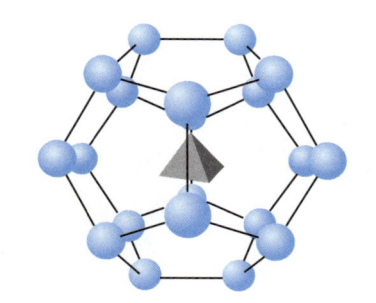

図1　メタンハイドレートの構造．
● 水分子，▲ メタン

メタンハイドレートの存在には低温・高圧の条件が必要になるので，深海の海底や極地方の永久凍土など世界各地に広く分布し，その資源量は莫大であると推測されている．日本周辺海域にも非常に多くのメタンハイドレートが存在していると見られている．

一方で，地球温暖化によりメタンハイドレートの分解が起こり，大気中に温室効果ガスであるメタンが排出され，温暖化を加速するという懸念もある．

3. 原子力エネルギー

現在，化石エネルギーの枯渇やエネルギー消費の増加などの観点から，

大量のエネルギーを安定して供給できる，新しいエネルギー源の導入が必要となっている．このような状況下で，原子力発電の実用化が推進された．

核分裂反応

核分裂反応により発生したエネルギーが**原子力エネルギー**である．図8・8は核分裂反応を示したものである．たとえば，ウラン ^{235}U などの質量数の大きな原子核に中性子を衝突させると，原子核が分裂して，質量数の小さな核分裂生成物になる．このとき，エネルギーが放出され，同時に中性子も放出される．さらに，中性子は別の ^{235}U と衝突して再び核分裂を起こし，反応は連鎖的に進行する．このため，ねずみ算式に起こる核分裂反応から放出されるエネルギーは膨大なものになる．

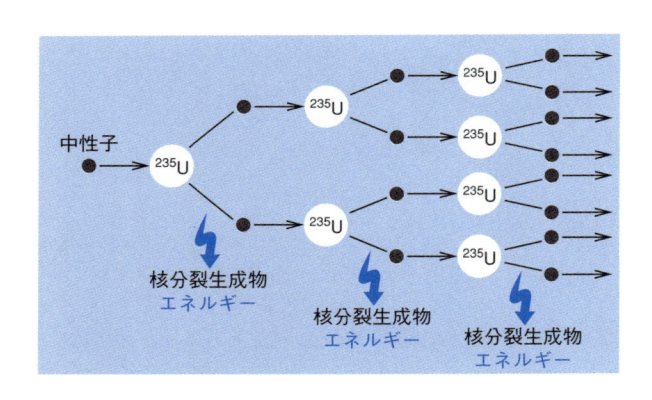

核分裂反応の際に，"放射線"が放出される．放射線は高いエネルギーをもった粒子線や電磁波のことをいう．図8・8のウランの核分裂で放出される中性子は放射線であり，同様なものとしては，α線（ヘリウム原子核），β線（電子）などがある．レントゲンに使用する電磁波のX線も放射線である．放射線は人体に有害である．

また，"放射能"とは放射線を出す能力のことを示す言葉である．

図 8・8 核分裂反応

高濃度（ほぼ100%）のウラン燃料を用いて核分裂を加速させ，巨大な爆発を誘導する兵器が"原子爆弾"である．

原子力発電

原子力発電は核分裂反応をうまく制御して，そのとき発生した熱エネルギーによって水蒸気をつくり，タービンを回して発電する方法である．

原子力発電の燃料には，放射性物質であるウラン ^{235}U がおもに利用されている．天然ウランには3種類の同位体があり，そのうち ^{235}U（核分裂を起こしやすい）が0.72%， ^{238}U（核分裂を起こしにくい）が99.27%の割合で含まれている．このため，燃料とするには， ^{235}U の割合を高める必

要がある．この工程を**濃縮**という．現在では 4 ％程度に濃縮されたものが使用されている．

原子炉

核分裂がゆっくり起こるように制御して熱を発生させ，水蒸気をつくり出す装置を**原子炉**という．ここでは，世界で主流となっている軽水炉の模式図を図 8・9 に示した．

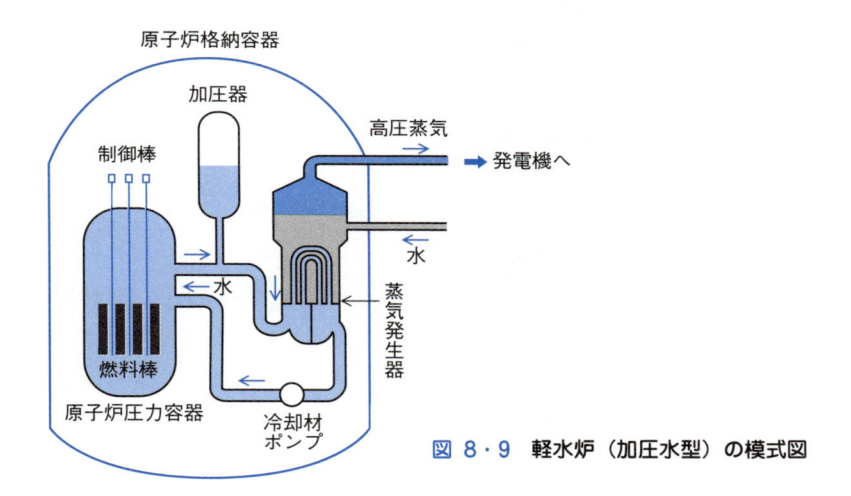

図 8・9 軽水炉（加圧水型）の模式図

① **燃料棒**は ^{235}U が含まれるウラン燃料を酸化物にして焼き固めたもの（ペレット）を，金属製のさやに密封したものである．これらの燃料棒は数十本束ねられて，さらにそれらが数百本集合したものが取付けられている．

② **制御棒**は原子炉中の中性子の量を調節して核分裂を制御する役割をもつ．制御棒が燃料棒の間に挿入されると中性子が多く吸収され，核分裂は抑制される．

③ **減速材**は中性子の速度を落とすために使われる．これは，核分裂によって生じる中性子は速度の速い高速中性子であり，^{235}U とは反応しにくいために，減速材を用いて中性子の速度を落とし，反応をしやすくする必要があるからである．減速材を水（軽水）として用いた原子炉が**軽水炉**で

制御棒の材料には中性子を吸収できるホウ素 B やカドミウム Cd が用いられている．

減速材には水のほかに重水（重水炉），炭素，グラファイト（黒鉛炉）などがある．

ある.

④ **冷却材**は原子炉を冷却するとともに，原子炉で発生したエネルギーを発電機に伝える役割をもつ．軽水炉の水は冷却材であると同時に減速材にもなっている．

⑤ 原子炉全体は外部への放射能漏れを防ぐために，格納容器に収められている．

核燃料サイクル

軽水炉ではウラン資源のほんのわずかしか利用できず，使用済みの燃料には，核分裂しなかったウラン ^{238}U と新たに生成したプルトニウム ^{239}Pu などが含まれている．しかも，^{239}Pu は核分裂を起こすことができるので，再び燃料として使用できる．

使用済み燃料を再処理してこれらを回収し，新しい燃料として原子力発電に利用することを**核燃料サイクル**という．

図 8・10 は，核燃料サイクルを簡単に表したものである．核燃料サイクルには高速増殖炉によるものと，軽水炉による"プルサーマル"がある．核燃料サイクルは，ウラン資源の有効利用と高レベルの放射性廃棄物の低減を目指したものである．

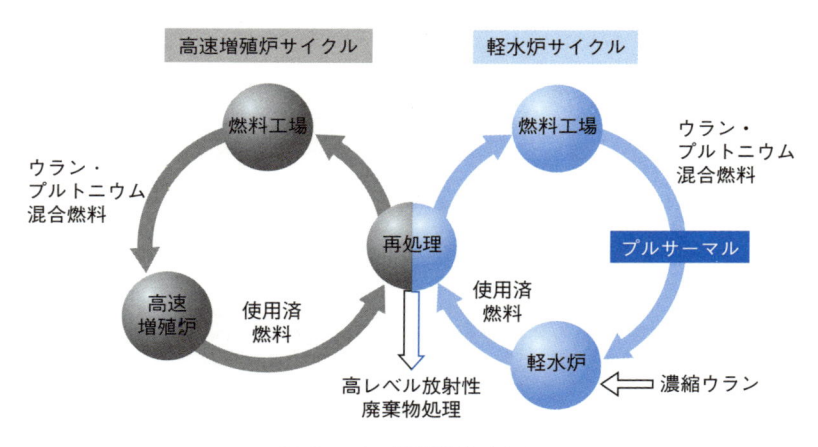

図 8・10 核燃料サイクル

高速増殖炉

^{239}Pu は ^{238}U に高速中性子を衝突させることで生成する．そこで，^{239}Pu を ^{238}U で包んだ燃料をつくり，中央の ^{239}Pu を核分裂させると，発生した高速中性子がまわりの ^{238}U に衝突することによって，効率良く ^{239}Pu に変換する（図 8・11）．つまり，この反応によって，消費した燃料以上の ^{239}Pu が生成することになる．これを，高速中性子による燃料の増殖なので，**高速増殖炉**とよんでいる．

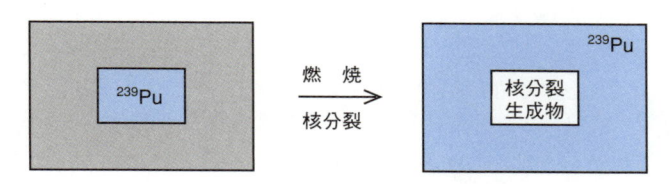

図 8・11 プルトニウム ^{239}Pu の核分裂反応

高速増殖炉の冷却材は，中性子を減速させては困るので，水ではなく融点の低い（約 100 ℃）金属であるナトリウムが用いられている．

高速増殖炉の実用化には技術的困難などさまざまな障壁がある．

> わが国の高速増殖炉としては，東海村にある実験炉「常陽」と福井県にある原型炉「もんじゅ」がある．「もんじゅ」は 1995 年にナトリウム漏れの火災事故を起こしている．

プルサーマル

高速増殖炉の実用化には，あまり見通しが立っていない．そこで，使用済み燃料から回収したプルトニウムとウランを混合した燃料を，現在実用化している軽水炉で利用する"プルサーマル"が考案された．フランスなどいくつかの国で，すでに実施されている．

> プルサーマルとは，プルトニウムとサーマルリアクター（軽水炉）からできた言葉である．

原子力発電の問題点

原子力発電は安定した電力が供給でき，発電過程では地球温暖化の原因である二酸化炭素を排出しないために，石油に代わるエネルギー源として推進されてきた．

しかし，原子力発電にはさまざまな問題が残っている．第一は，その安全性についてである．重大な事故が起これば，放射線による汚染などの影響が広範囲に及び，環境や生命に対して，甚大な被害を与えることにな

> 深刻な原発事故としては，1986 年のチェルノブイリ（旧ソ連），2011 年の福島第一があげられる．

高レベル廃棄物はガラスを混ぜて固められて容器に格納され，冷却するために施設で数十年保存され，その後，地中深く永久埋設する予定になっている．最終処分地の場所の選定や放射性廃棄物が無害化するまで安全な保存が可能であるかなどの問題がある．

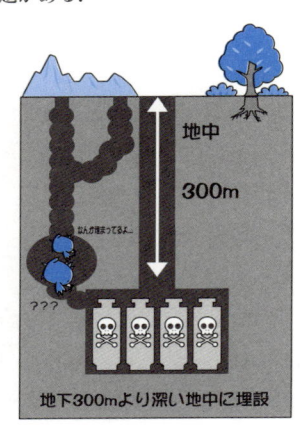

さらに，発電の過程で放出される低レベル放射性廃棄物や，使用済み燃料からウランやプルトニウムを取除いたあとに残る高レベル放射性廃棄物の処理も大きな問題となっている．

また，すでに図8・3で見たように，ウランも化石燃料と同様に限られた資源であること，施設の建設や廃棄物の処理にかなりのコストがかかることなどもあげられる．

4. 再生可能エネルギー

地球環境に負荷を与えず，無限に利用できる再生可能なエネルギーの開発は，これからも私たちが豊かな生活を営み続けるために不可欠となる．ここでは，将来期待されるエネルギーについていくつか具体的に見てみよう．

新エネルギーの導入

表8・1は，再生可能エネルギーの種類と現状について示したものである．水力発電や地熱発電はすでに実用化されており，広く普及している．一方で，太陽光，風力，バイオマス，廃棄物を利用した発電などは実用化されているが，経済性などの理由で普及が十分でなく，今後，積極的に導入されるべきものであり，"新エネルギー"ともよばれている．

ここでは，新エネルギーとして期待されているものをいくつか見てみよ

表 8・1　おもな再生可能エネルギー

実用化段階 十分な普及	新エネルギー 実用化段階 普及が十分でない		実用化されず
水力発電 地熱発電	太陽光発電 太陽熱利用 風力発電 燃料電池	廃棄物発電 廃棄物燃料 バイオマス発電 バイオマス燃料	波力発電 海洋温度差熱発電
	クリーンエネルギー自動車 天然ガスコジェネレーション		

う．

太陽光発電

　地球に降り注ぐ太陽エネルギーの1時間の量は，世界中で1年間に消費する量に相当するといわれる．無限ともいえる太陽エネルギーは持続的に利用できるエネルギーの中でも最も重要なものである．太陽エネルギーは光エネルギーと熱エネルギーとして利用される．ここでは，光エネルギーを電気エネルギーに変換する装置である**太陽電池**について見てみよう．

　図8・12に，太陽電池のしくみを示した．太陽電池はケイ素（シリコン）に微量の元素を混ぜてつくられた2種類の半導体が組合わさってできたものである．光の照射によって半導体内に生成した，電子 e^- が n 型半導体へ，正孔 h^+（電子の抜けた穴）が p 型半導体に向かって移動する．そのため，二つの半導体の接合部分で電圧が発生し，外部回路につなげば電流が流れる．

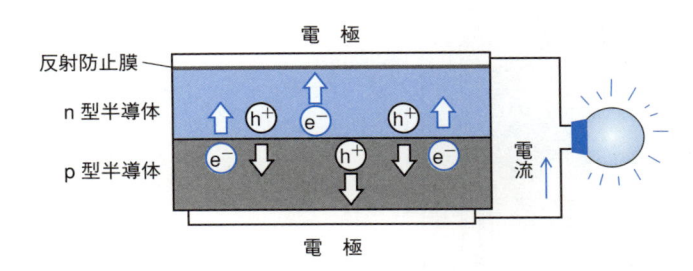

図 8・12　太陽電池のしくみ

　半永久的に使用できる太陽電池を用いた太陽光発電は，無限で，クリーンなエネルギーとして期待されており，現在，電卓，腕時計，住宅（ソーラーハウス），人工衛星などに用いられている．

　太陽光発電の課題としては，エネルギー密度（単位面積あたりの出力量）が低いこと，天候や日照条件に影響されること，発電コストが高いなどの点があげられる．

110　Ⅳ. 環境を守る化学

水素燃料電池としては，燃料に水素そのものを用いるもの以外に，メタノールや炭化水素の分解によって得られる水素を供給するものもある．

燃料電池

　水素ガスなどの燃料を燃やして，電気を発生させる装置を**燃料電池**という．燃料電池はさまざまな大気汚染物質や地球温暖化の原因となる二酸化炭素の排出を大きく減らすことができるので，自動車の動力源などとして注目されている．

　図8・13は高分子固体を電解質として使用した水素燃料電池の模式図である．まず，負極で水素が分解して，水素イオン（プロトン）と電子になる．そして，発生した電子は外部回路を通って移動する（電流の発生）．また，プロトンは高分子電解質中を通って正極に移動し，酸素と反応して水ができる．水素燃料電池では発電する際に生じる物質が水であるので，クリーンなエネルギー源として期待できる．

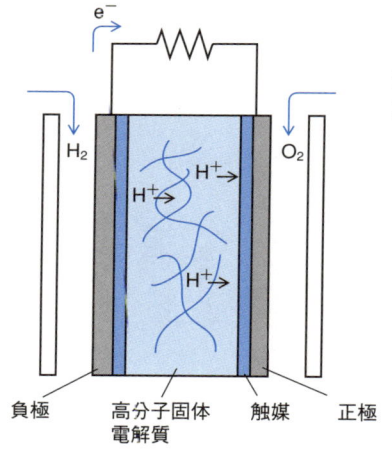

負極の反応：$H_2 \longrightarrow 2H^+ + 2e^-$
正極の反応：$2H^+ + 2e^- + \frac{1}{2}O_2 \longrightarrow H_2O$

図 8・13　燃料電池のしくみ

バイオマスエネルギー

　動植物から生まれた再生可能な有機資源のことを**バイオマス**という．表8・2にはバイオマスの種類を示した．

　バイオマス中の炭素は植物が大気中の二酸化炭素を光合成により固定したものであるので，バイオマスの燃焼によってCO_2が発生しても，全体としては大気中のCO_2量を増加させないことになる（図8・14）．さらに，

表 8・2 バイオマスの種類と例

廃棄物系バイオマス	未利用バイオマス	資源作物
家畜排せつ物 食品廃棄物 パルプ廃液 建築廃材 製材工場残材 下水汚泥	林地残材 稲わら, もみがら 麦わら	糖質 (サトウキビ, テンサイ) デンプン (コメ, イモ, トウモロコシ) 油脂 (ナタネ, ダイズ, 落花生)

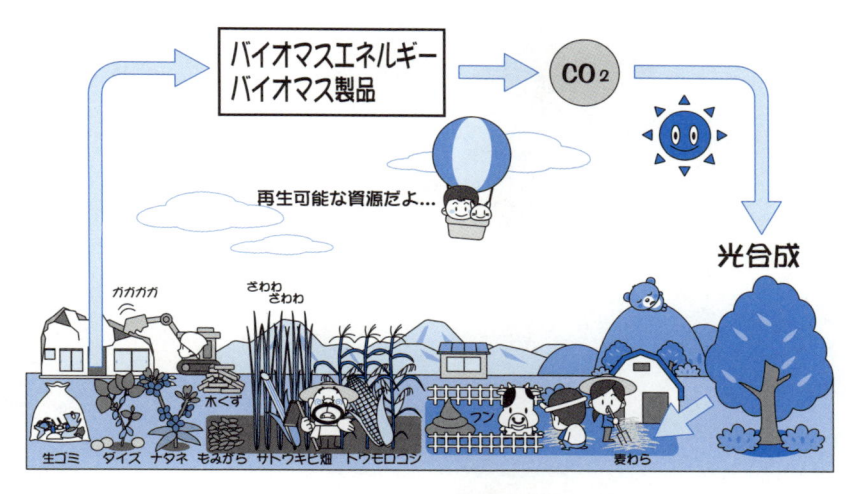

図 8・14 バイオマスは再生可能な資源

大気中に排出された CO_2 は,植物を栽培することで吸収できる.そのため,地球温暖化防止のためのエネルギー資源としても有用である.

"バイオエタノール"はトウモロコシやサトウキビなどを原料として,それらを発酵させてつくられたものである.バイオエタノールはガソリンと混ぜて使用することで,ガソリンの燃焼による CO_2 の発生を抑制する効果があり,**バイオマス燃料**として注目されている.

また,木くずや廃材,紙の原料であるパルプをつくる過程で生じた廃液などを燃料として発電する**バイオマス発電**も行われている.

9 グリーンケミストリー

　人類はこれまでに膨大な数の化学物質をつくり出してきた．これらの化学物質は毎日の生活の中に取込まれ，便利で豊かな社会を支えている．そして，さらなる新しい化学物質や製品の開発が尽きることなく行われている．

　ところが，私たちは安くて便利なものだけを追いかけてきたために，安全性や環境への配慮を失っていった．その結果，知らないうちに環境を汚染し，生態系に悪影響を及ぼすまでになった．いまでは，環境中に排出された化学物質は地球全体に拡散し，さらに汚染が広がりつつある．

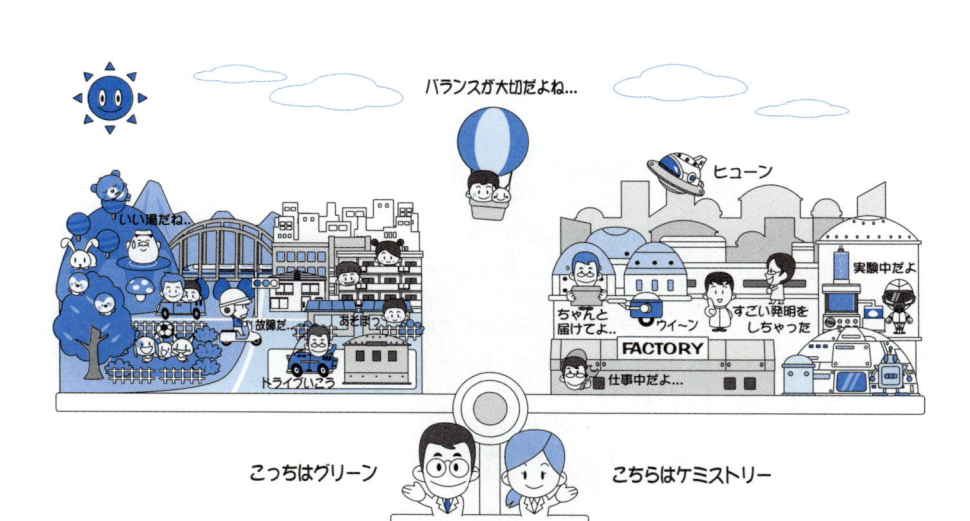

IV. 環境を守る化学

環境問題は国際的に取組まなければならない．現在の環境問題を考えるうえでキーワードとなっている「持続可能」という概念は，1980年に国際自然保護連合や国連環境計画などが作成した「世界環境保全戦略」の中の「持続可能な開発」という言葉にさかのぼる．1992年にブラジルで開催された地球サミットにおいては，「持続可能な開発」に関する原則が採択された．

グリーンケミストリーは，持続可能な地球のための化学であることから，"グリーンサステイナブルケミストリー"ともよばれる．

日本化学会では，グリーンケミストリーを「製品や製法の開発，使用，廃棄，リサイクルまでのすべてを考え，人と生態系の健康への悪影響を低減する経済的で合理的な化学技術である．後追いのリスク管理だけでなく，先手をとったリスク管理を進めようとする新しい動きである．」と定義している．

図 9・1 に示した 12 箇条は，アナスタス（Paul T. Anastas）博士とワーナー博士（John C. Warner）の著書「Green Chemistry: Theory and Practice」に掲載されている．邦訳：「グリーンケミストリー」，日本化学会・化学技術戦略推進機構訳編，丸善（1999）．

このような状況の中で，現在だけではなく，将来にわたって豊かな生活が営めるようにモノをつくり出していくこと，つまり「持続可能な開発」が必要となってきた．

そして，「持続可能な開発」を実現するための方法を示したものが，"グリーンケミストリー"であり，「環境にやさしいつくり方で，環境にやさしいモノをつくる」という考え方が基本となっている．グリーン（緑）は自然の色であり，環境にやさしいというイメージをもつことから，このようによばれている．

1. グリーンケミストリーとは

グリーンケミストリーは，簡単にいうと，環境にやさしいモノづくりの化学である．化学物質を設計し，合成し，それを製品として応用するときに有害物質をなるべく使わない，出さない化学である．

グリーンケミストリーの方向性

図 9・1 は，グリーンケミストリーの具体的な内容を簡潔に示したものである．

1. 廃棄物は"出してから処理"ではなく，出さない．
2. 原料をなるべくむだにしない形の合成をする．
3. 人体と環境に害の少ない反応物・生成物にする．
4. 機能が同じなら，毒性のなるべく小さい物質をつくる．
5. 補助物質はなるべく減らし，使うにしても無害なものを．
6. 環境と経費への負担を考え，省エネを心がける．
7. 原料は，枯渇性資源ではなく再生可能な資源から得る．
8. 途中の修飾反応はできるだけ避ける．
9. できるかぎり触媒反応を目指す．
10. 使用後に環境中で分解するような製品を目指す．
11. プロセス計測を導入する．
12. 化学事故につながりにくい物質を使う．

図 9・1 グリーンケミストリーの 12 箇条

① 基本理念であり，化学物質や製品をつくる際に廃棄物を出さないことを目指す．廃棄物の管理や処理にかかる経費を削減する．また，廃棄物の被害から生命や環境を守る．

②～⑤ 化学物質を合成する際に，有害性の少ない物質を用い，目的となるもの以外の不要な物質が生じることなく，安全で性能の良い製品をつくり出すことを目指す．

⑥ 持続可能にするため，省エネルギーに努める．たとえば，高温や高圧での反応は避けるなど．

⑦ 石油などの資源には限りがあるので，このような資源ではなく，再生可能な資源を利用して，製品をつくる．

⑧ 分子の変換を複雑にする修飾反応などは避ける．有機物質の合成では，立体構造の制御などのために，分子の一部を修飾したりする．これらの過程に用いられた物質が廃棄物になることを避ける．

⑨ 触媒を利用して反応を効率的に行えば，廃棄物の減量や省エネルギーにつながる．

⑩ 化学物質の環境中での残留や生物への蓄積という観点から，環境中で分解するような製品を設計する．そのようなものとして，生分解性プラスチックなどがある．

⑪ 化学合成のプロセス内で危険物質が発生するのを防ぎ，"いまそこにある危険"をリアルタイムで計測し制御できるようにする．

⑫ 爆発や火災などの化学事故を起こさないように，安全な物質を用いる．

② では，反応物の原子がほぼすべて生成物に取込まれるような反応を目指している．
⑤ の補助物質とは，合成や操作などを行いやすくするために用いる物質をいい，反応や分離に使用する溶媒などのことである．

触媒については，後でふれる．

生分解性プラスチックについては，後でふれる．

2. 環境にやさしい化学合成

これまでに見てきたように，グリーンケミストリーの中心課題は"環境にやさしい化学合成"にある．環境に対する負荷を事前に予測して，化学物質の合成や製品の製造を行うことが，グリーンケミストリーの目標となる．安全な原料と安全なプロセスを用いて，廃棄物を出さずに効率良く合成することが重要である．以下に，このような考え方にもとづいた最近の取組みについて，いくつかの例を見てみよう．

安全な原料を用いた合成

ポリウレタンは合成繊維，合成ゴム，接着剤，塗料などとして，広く使われている．ポリウレタンはウレタンを重合させてつくられる高分子化合物である．図9・2に示すように，ウレタンの原料となるイソシアナートは，従来は猛毒のホスゲンを用いて合成されていた．現在では，ホスゲンを使わずに，二酸化炭素を用いて合成する方法が開発されている．

(a)
$$RNH_2 + COCl_2 \longrightarrow RNCO + 2HCl \xrightarrow{R'OH} RNHCOOR'$$
アミン　ホスゲン（猛毒）　　　　イソシアナート　　　　　　ウレタン

(b)
$$RNH_2 + CO_2 \longrightarrow RNCO + H_2O \xrightarrow{R'OH} RNHCOOR'$$
　　　　二酸化炭素

図 9・2　ウレタンの合成法．(a) 猛毒のホスゲンを利用する従来の方法，(b) 二酸化炭素を利用する方法

環境にやさしい溶媒を用いた合成

有機物質を合成する際には，有機溶媒が使用される．しかし，その有害性を考えると，有機溶媒を使用しないプロセスの開発は重要である．水は最も無害な溶媒であるので，水を溶媒にする試みも行われている．さらに最近では，"超臨界流体"が溶媒として注目されている．

物質には，固体，液体，気体の三態があるが，このうち液体と気体が共

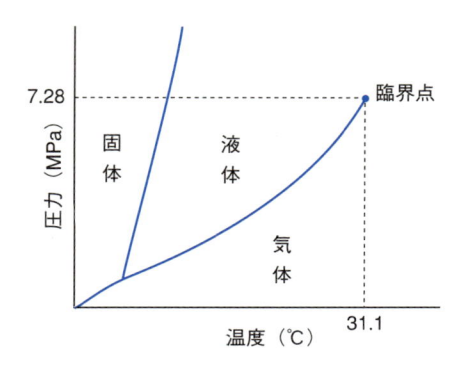

図 9・3　二酸化炭素の状態図

存できる最大の圧力と最大の温度を"臨界点"という．圧力と温度をともに臨界点以上にすると，物質は気体でもなく液体でもない状態になる．このような物質を**超臨界流体**とよぶ．特に，二酸化炭素は臨界点が比較的低い温度と圧力（31℃, 73気圧）でつくることができる（図9・3）．この毒性の低い気体を超臨界流体として溶媒に使用することは，環境にとっても好ましいことである．

イオン液体も環境にやさしい溶媒として期待されている．**イオン液体**は常温で液体状態にある塩のことをいい（図9・4），難燃性，不揮発性，高い極性，高いイオン伝導性，高い耐熱性などの性質を有しており，さまざまな化学反応が効率良く起こることがわかっている．

超臨界二酸化炭素を使う方法は，コーヒーのカフェイン抜き，香油の生産，廃物の抽出とリサイクルなど，化学関連分野でかなり普及し，廃棄物を減らすのに貢献している．使用した二酸化炭素はリサイクルが可能である．

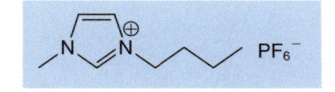

図 9・4 イオン液体の例

グリーン触媒

多くの有機合成反応において，硫酸やリン酸などの無機酸や塩化アルミ

触 媒

触媒とは，化学反応の速度を速くする物質のことをいい，反応の始まりと終わりで触媒自体は変化しない．図1に示すように，化学反応が進行するには，越えなければならないエネルギーの山がある．このエネルギーを"活性化エネルギー"といい，山の頂上に相当する部分を"遷移状態"という．

触媒は活性化エネルギー E_a を小さくして，反応を進行しやすくする働きがある．

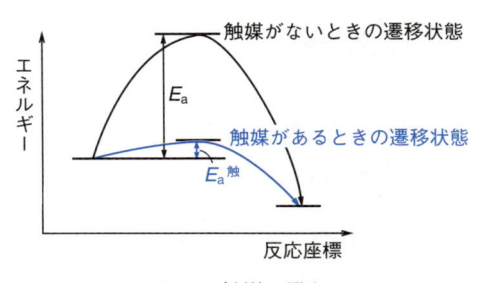

図 1 触媒の働き

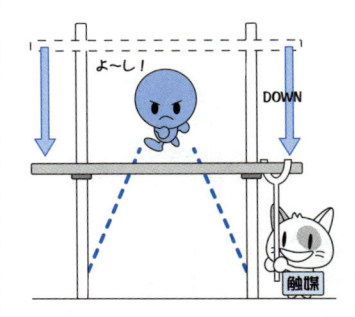

IV. 環境を守る化学

一次元のトンネル状メソ細孔をもつメソポーラスシリカ（メソ多孔性ケイ酸塩）は多くの有機分子が自由に通過できる細孔径をもつので、細孔内を有機化学反応が起こる反応場として利用できる。シリカ骨格にアルミニウムが導入されたアルミノケイ酸塩は比較的強い酸性を示し、細孔内で酸触媒作用を示す。

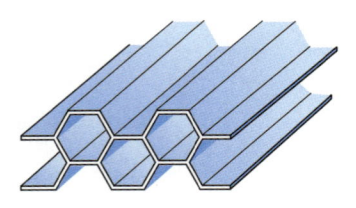

メソポーラスシリカの例

ヘテロポリ酸には、リンやケイ素を含む酸素酸とモリブデンやタングステンなどを含む酸素酸とが脱水縮合して生じた $H_3PW_{12}O_{40}$、$H_4SiW_{12}O_{40}$、$H_3PMo_{12}O_{40}$ などがある。

ニウムなどのルイス酸が用いられているが、これらの回収や処理は容易ではない。そこで、これらに代わるものとして、アルミノケイ酸塩などのメソポーラス材料やヘテロポリ酸などの固体酸触媒が開発されている。これらは使用後、ろ過により分離回収が容易にでき、再使用もできるので、グリーンケミストリーの目標に合致していることから、**グリーン触媒**とよばれている。

再生可能な原料を用いた合成

合成原料として化石燃料を資源とせず、生物由来の原料（バイオマス）を利用することも行われている。無害なグルコースを原料として、医薬品、農薬などの原料となるヒドロキノンやカテコールなどが合成できる（図9・5）。これらの物質は、従来は発がん性のあるベンゼンを使って合成されてきた。グルコースであれば水を溶媒として使うこともでき、環境にやさしい化学合成が可能となる。

α-グルコース → カテコール ＋ ヒドロキノン

図9・5　バイオマスを使った原料の合成

3. 廃棄物の問題

大量生産、大量消費に基づく経済活動は、物質的な豊かさをもたらした反面、大量の廃棄物を生み出した。また、さまざまな有害物質の混入により廃棄物も多様化し、適切な処理方法の開発が必要となっている。

廃棄物の種類

廃棄物は大きく分けて、一般廃棄物と産業廃棄物に区分される。**一般廃**

棄物は私たちの身近にある"ゴミ"のことであり，**産業廃棄物**は事業活動に伴って生じた廃棄物のうち，燃えがら，汚泥，廃油，廃酸，廃アルカリ，廃プラスチック類などの，法律で定められた20種類の廃棄物をいう．また，爆発性，毒性，感染性，そのほか人の健康や生活環境に対する被害を生じる恐れがある性状の廃棄物を"特別管理廃棄物"という．

特別管理廃棄物には，病院などから出される感染性廃棄物などのほか，強酸や強アルカリ，廃PCB，廃アスベストや，重金属などの有害物質を含む汚泥などがある．

廃棄物の対策

廃棄物の対策としては図9・6に示すように，① 廃棄物の発生の抑制 (Reduce, リデュース)，② 廃棄物の再使用 (Reuse, リユース)，③ 廃棄物の再生利用 (Recycle, リサイクル) が中心となっている．Reduce, Reuse, Recycle をあわせて"3R"とよぶ．リユースとリサイクルは混同されやすいが，リユースとは使えるものを繰返し使用することであり，一方，リサイクルとは再び資源として利用することである．

最近では，詰め替え用製品の販売による本体容器の再使用が広まっている．牛乳ビン，ビールビンなどの繰返し使用されるガラスビンはリターナブルビンとよばれている．

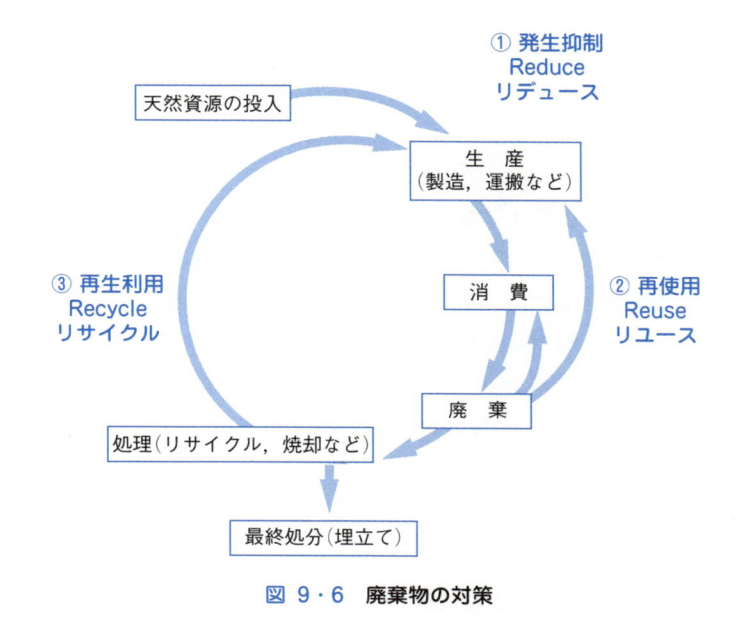

循環型社会の実現へ向けた取組みにおいては，3Rについての優先順位が定められている（10章参照）．

図9・6 廃棄物の対策

一般廃棄物の処理

図9・7は一般廃棄物処理の流れを示したものである．

平成15年度においては，直接資源化，再生利用される量に，市町村などによる集団回収量をあわせた，一般廃棄物のリサイクル率は16.8%である．また，最終処分場に埋立てられる量は同年度で，一般廃棄物の排出量の16.4%となっている．

一般廃棄物のほとんどは焼却，粉砕などにより中間処理され，減量化が図られる．中間処理によって，一般廃棄物の7割程度が減量化されている．また，中間処理後の残さ（燃え残りなど）は，再生利用されるか，あるいは最終処分場に埋立てられる．

一方，中間処理されない一般廃棄物は，業者などへ直接搬入され，資源化されたり，最終処分場に埋立てられる．

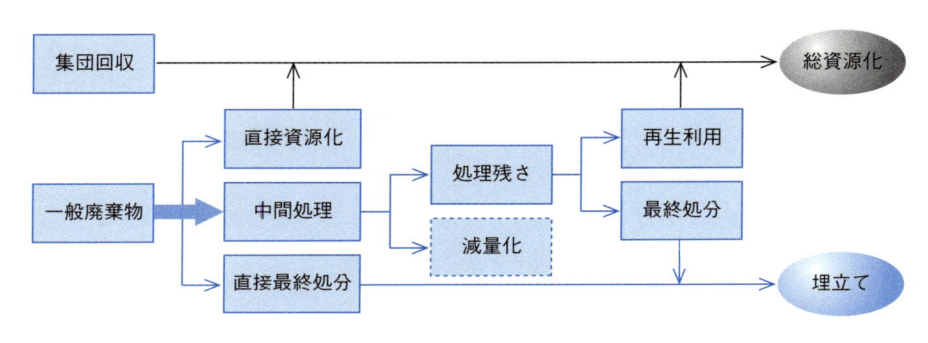

図9・7　一般廃棄物処理の流れ

廃棄物処理に伴うダイオキシン問題

廃棄物中の炭素，水素，塩素からクロロフェノールなどが生成し，これらが前駆物質となってダイオキシン類が合成される．ダイオキシン類については，3章を見てみよう．

焼却方法以外のダイオキシン類の処理技術として，化学的な分解を用いて処理する方法がある．これについては，コラム「化学的な分解による廃棄物の処理」を見てみよう．

廃棄物焼却炉はダイオキシン類の主要な発生源である．ダイオキシン類も高温で燃焼させると，二酸化炭素と水および塩化水素に分解する．しかし，そのためには燃焼温度を800℃以上にして完全燃焼させることが必要である．また，燃焼排ガスがボイラーから集じん機に入る煙道の温度は300～400℃であり，ここで再びダイオキシン類が増加する現象が確認されている．この再合成を抑制するためには，排ガスを200℃以下に急冷することや煙道中に残る灰などの堆積物を少なくすることが必要である．

4. リサイクル

資源を保全するために，さまざまなリサイクルが行われている．リサイクルとは，廃棄物を再利用することである．

リサイクルの種類

リサイクルには大別して，原材料として再利用する**マテリアルリサイクル**（物質の再生利用）と焼却して熱エネルギーを回収する**サーマルリサイクル**（熱回収）がある（図9・8）．

マテリアルリサイクルには，ガラスビンやペットボトルなどを砕いたり，アルミ缶を溶かしたりして，容器として再生させたり，別の新しい製品にすることなどがある．

なお，マテリアルリサイクルのうち，回収されたプラスチックなどを化学的に処理して，製品の化学原料にすることを，特に**ケミカルリサイクル**という（図9・8）．

サーマルリサイクルには，廃棄物をそのまま燃焼させる場合と，固形燃料に加工してから燃焼させる場合がある．サーマルリサイクルでは，"ゴミ発電"などから得られた熱を施設内の暖房・給湯，温水プール，地域暖房などに利用している．

マテリアルリサイクルにおいて，効率的な再生利用のためには，同じ材質のものを大量に集める必要がある．また，多数の部品からなる複雑な製品の場合には，材質の均一化や材質表示などの工夫が求められる．

ゴミ発電とは，ゴミの焼却から得られる熱エネルギーをボイラーで回収し，発生した蒸気でタービンを回して発電することである．

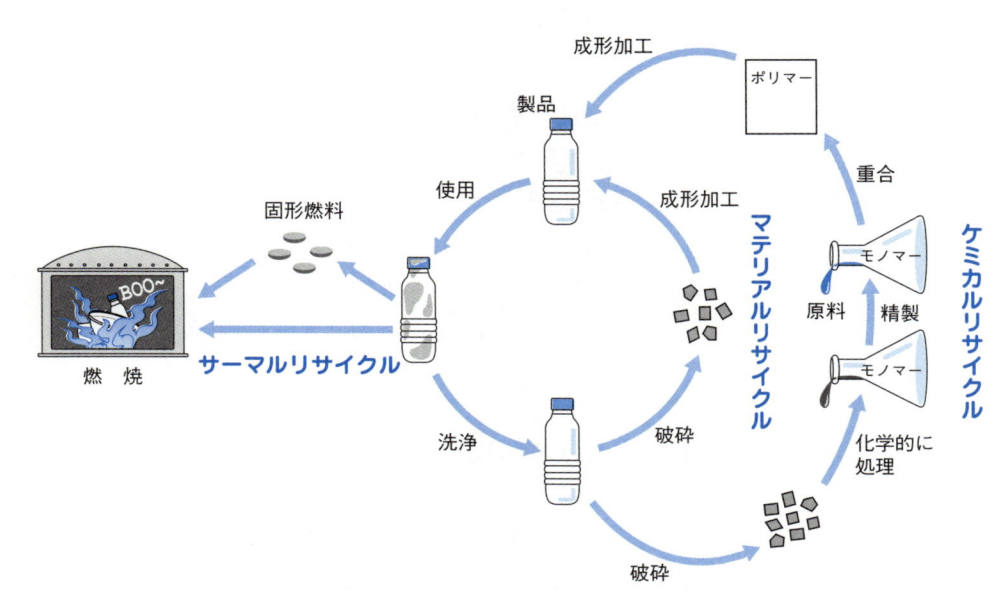

図9・8 **リサイクル**．例としてプラスチックを取上げた

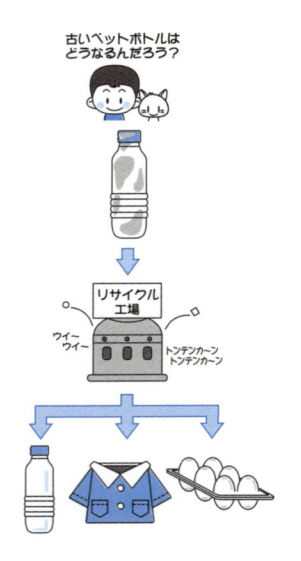

ペットボトルのリサイクル

飲料用容器としてのペットボトルは年々生産量とともに，その回収率が増加している（図9・9）．回収されたペットボトルは，粉砕され，ポリエステル繊維やシート（卵パックなど）などの原料として再商品化される．現在では，ペットボトルを化学的に分解して原料に戻し，ペットボトルとして再生することができるようにもなっている（コラム「化学的な分解による廃棄物の処理」参照）．また，リサイクルしやすいペットボトルづくりも目指されており，青や緑に着色された容器を止めて無色透明にする，ラベルをはがしやすくするなどの工夫が行われてきている．

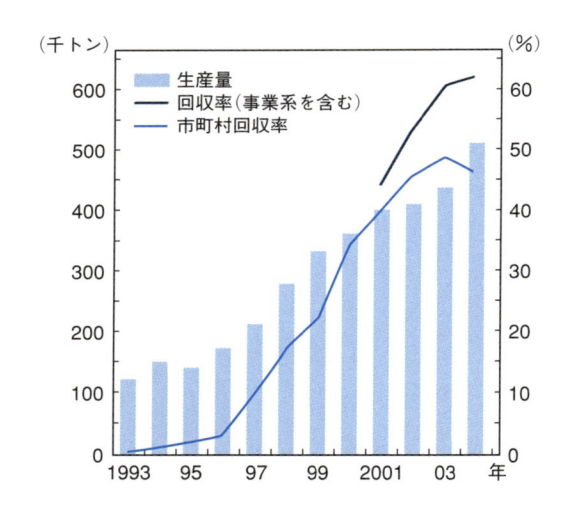

ペットボトルの素材であるポリエチレンテレフタレート（PET）の構造は，図3・1を見てみよう．

図 9・9　ペットボトルの生産量と回収率．PETボトルリサイクル推進協議会作成．事業系とはスーパー，コンビニ，鉄道会社などで事業者自らが回収するもの．市町村回収とは容器包装リサイクル法に基づき市町村が消費者から分別収集するもの

リサイクルにおける課題

リサイクルする際にもエネルギーやコストがかかる．分別廃棄された製品を回収する際の運搬などにもエネルギーが使われる．したがって，作業全体を眺めて，どのようなリサイクルが良くて，どのようなリサイクルが良くないかは個別に考えるべきである．エネルギーを大切にするためには，

むしろモノをできるだけ長く使うライフスタイルの確立が必要であろう．

化学的な分解による廃棄物の処理

廃棄物は最終処分するまえに，無害化する必要がある．中間処理などによって有害性が消失したものは，通常の廃棄物として取扱うことができる．一方，有機物質は高温で燃焼すれば二酸化炭素にまで分解されるが，不完全な燃焼ではダイオキシン類が生成する可能性がある．そこで，焼却法以外の処理技術として，化学的な処理による分解法が研究されている．

焼却炉の集じん機で捕集された飛灰中のダイオキシンを化学的に分解する技術として，つぎのようなものがある．

① 超臨界水酸化分解法：超臨界水（374℃，220気圧以上）のもつ有機物質に対する溶解性や分解性を利用し，ダイオキシン類を酸化分解する．

② 光化学分解法：紫外線などのエネルギーの高い光を利用して，ダイオキシン類を脱塩素化し分解する．

リサイクルにおいても化学的な分解法が用いられている．この方法を用いて，回収されたペットボトルから再びペットボトルをつくることができる．メチルアルコール，エチレングリコール，水などを用いてペットボトルを化学的に分解し，分解した成分を精製して原料とし，これを用いてペットボトルを再生する（図9・8参照）．

---

5. 光 触 媒

光触媒とは，光エネルギーを吸収すると化学反応を促進し，自らは変化しない物質をいう．現在，光触媒は浄化，脱臭，抗菌，汚れの分解などさまざまな分野で利用されており，そのほとんどは二酸化チタンである．光触媒は太陽光のみによって，その機能を果たせるので，環境にやさしい触媒といえる．

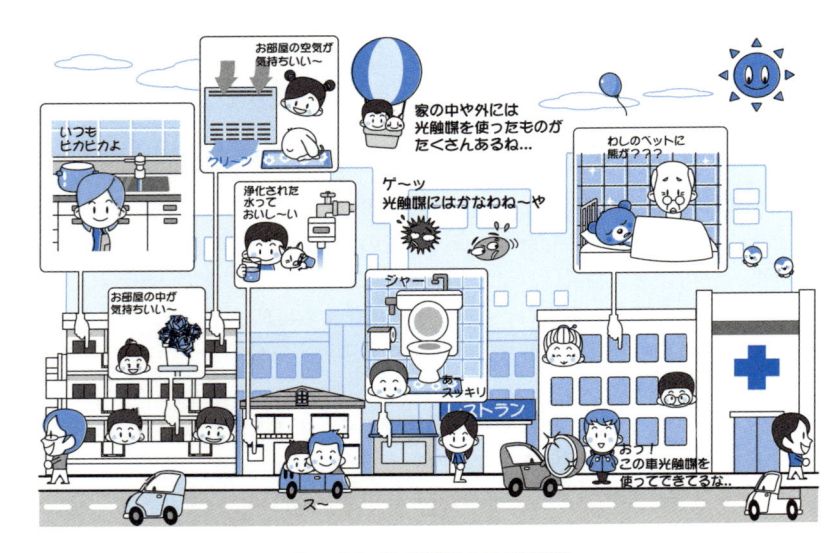

身のまわりで活躍する光触媒

二酸化チタン光触媒の原理

　二酸化チタン TiO_2 は半導体である．半導体には，電子が充満している価電子帯と電子が存在していない伝導帯があり，二つのエネルギー帯の間をバンドギャップ（禁止帯）という（図9・10a）．

　TiO_2 のバンドギャップは 3.2 eV である．したがって約 388 nm 以下の波長をもつ光エネルギーを与えると，価電子帯の電子が伝導帯に励起する（図9・10b）．価電子帯に生じた電子の抜け殻は正孔あるいはホール（h^+）

光エネルギー E と光の波長 λ の関係は，以下の式で与えられる．

$$E = h\nu = h\frac{c}{\lambda}$$

ここで h はプランク定数，ν は光の振動数，c は真空中の光速度である．上式に，

$E = 1.60 \times 10^{-19}$ (J) $\times 3.2$
$h = 6.63 \times 10^{-34}$ (J s)
$c = 3.00 \times 10^{8}$ (m s^{-1})

を代入すると，
$\lambda = 3.88 \times 10^{-7} = 388$ nm となる．

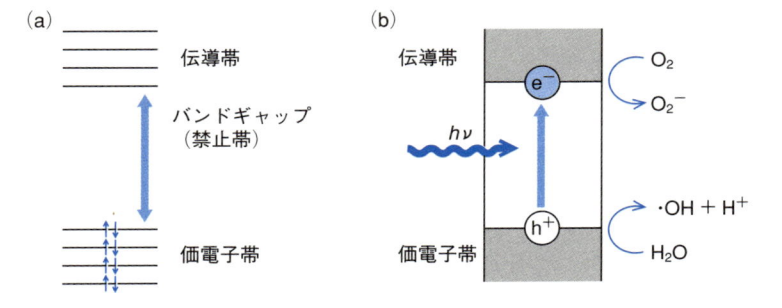

図 9・10 半導体のバンド構造（a）および光触媒の原理（b）

とよばれ，強い酸化力を有し，TiO_2表面に吸着されている水分子を分解してヒドロキシルラジカル・OH を生成する．この h^+ や・OH の強い酸化力によって，TiO_2 表面では種々の物質の酸化が促進されると考えられている．

一方，伝導帯に上がった電子は，TiO_2 表面に吸着されている酸素分子に与えられ，O_2^- イオンから過酸化物を経て，酸化反応を起こすと考えられているが，詳細はまだわかっていない．

二酸化チタン光触媒の特徴

TiO_2 の利点は，① 無害である，② 触媒なので変化せずに長く使える，③ 固体なので，処理後の水からの分離が容易である，④ 薄膜化することもできる，などである．一方，反応が表面でしか起こらないことが弱点となっている．

上で述べた原理からわかるように，多くの h^+ や・OH を発生させるためには，多くの光を吸収しなければならない．TiO_2 が吸収する光は可視光に近い近紫外光であり，太陽光や室内灯の中にも含まれている．臭いや汚れのように，私たちの身のまわりに存在する不快な物質は量が少ないので，太陽光や室内灯の光でも十分分解できる．

身のまわりの光触媒

身のまわりの不快な物質を分解するために，光触媒を用いたさまざまな製品が開発されている．空気清浄機や抗菌タイル，汚れないガラスなどがある．また，自動車排ガス中の窒素酸化物 NO_x を光触媒を用いて処理する研究も進められている．

最近では，超親水性とよばれる新しい機能があることも見いだされている．"曇る"という現象は，表面に形成された無数の小さな水滴により光が乱反射されるために起こる．しかし，光を照射した TiO_2 表面では水滴が表面に広がり，一様な水の膜となるために曇らない（図9・11）．この現象を利用した曇らないガラスや鏡がつくられている．

工場廃水や排ガスなどの高濃度の汚染物質を含む場合には，強い光源が必要となり，かなりのエネルギーを消費することになる．そのため，光触媒を用いて分解する物質としては，ほかに有用な分解法がないものが適している．たとえば，難分解性の有機塩素化合物，特にトリクロロエチレンやテトラクロロエチレン（図5・6参照）の無害化技術として有望視されている．

可視光が利用できれば，太陽光をさらに有効に利用することができるので，可視光応答型光触媒の開発研究も盛んに行われている．

水滴　　　　　　　　　　水の膜

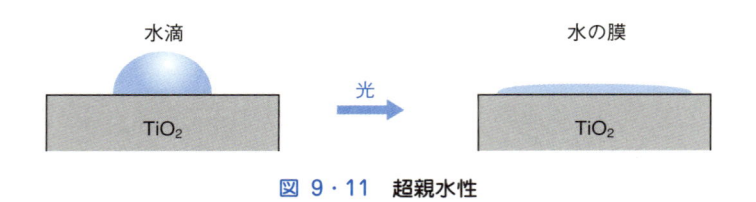

　　　　→光→

　TiO₂　　　　　　　　　　TiO₂

図 9・11　超親水性

6. 生分解性プラスチック

　身のまわりではさまざまな用途でプラスチックが使われており，私たちの生活に欠かせないものとなっている．しかし一方で，プラスチックの大量使用は廃棄物の増大をもたらした．プラスチックは土の中に埋められても分解しないために，いつまでも残ってしまう．また，プラスチックに含まれている有害物質が溶け出して，生態系に影響を与えるという懸念も生じている．このような廃棄プラスチックの問題を解決する方法のひとつとして，生分解性プラスチックがある．

生分解性プラスチックの特徴

　生分解性プラスチックは通常のプラスチック製品と同様に使用でき，しかも使用後は自然界の微生物や分解酵素によって水と二酸化炭素に分解される．このため，廃棄物処理においても土の中への埋立てが可能である．また，燃焼させても発生する熱量が小さいので焼却炉を傷めることがなく，ダイオキシンなどの有害物質を放出することがない．

　生分解性が求められるのは，自然環境中に放置されるもの，堆肥（コンポスト）化可能な材料においてであり，フィルム，シート，日用品，容器などがあげられる．現在は汎用プラスチックに比べて高価であるが，リサイクルのコストまでを含めて評価すると，汎用プラスチックとの価格差は縮小すると考えられるので，今後よりいっそうの普及が期待できる．

化学合成による生分解性プラスチック

　化学的に合成される生分解性プラスチックの代表的なものに，脂肪族ポリエステルがあげられる（図 9・12）．

わが国では生分解性プラスチックを"グリーンプラスチック"とよぶことがある．

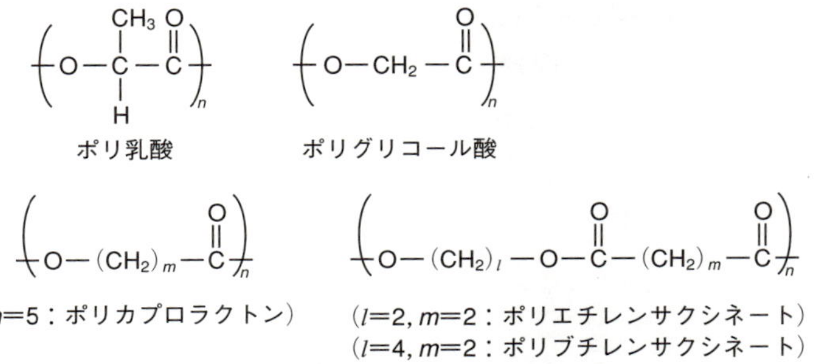

図 9・12　脂肪族ポリエステル系生分解性プラスチックの例

このうち，ポリ乳酸はトウモロコシなど植物由来のデンプンを発酵して得られる乳酸から合成される（図 9・13）．ポリ乳酸は石油を使わずに，再生可能な資源であるバイオマスを原料にできるという点で注目されている．ポリ乳酸は使い捨ての食器，ゴミ収集袋，宛名用フィルムなどに使われている．

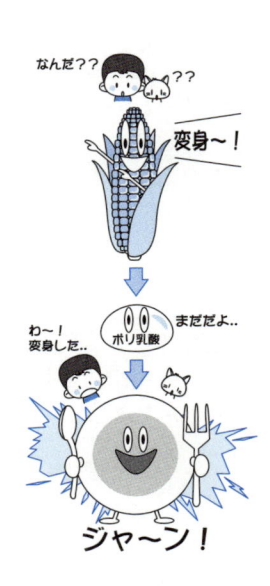

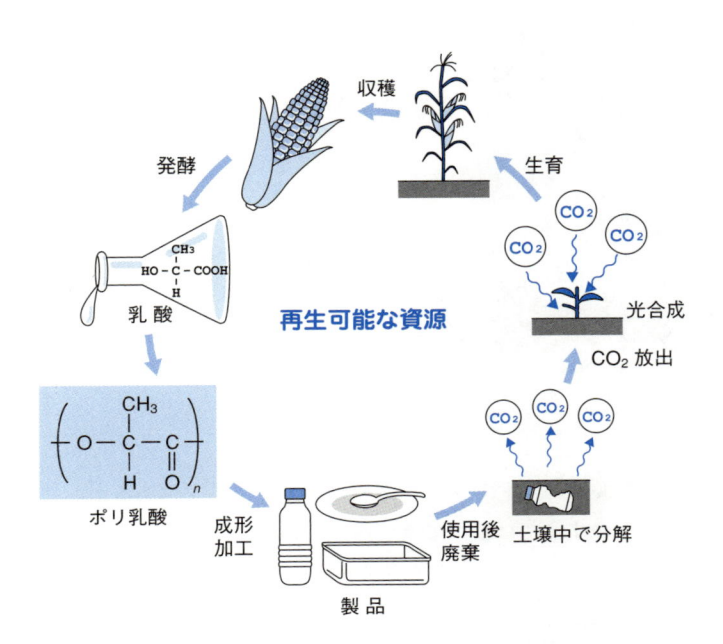

図 9・13　バイオマスを原料とするポリ乳酸

天然高分子を利用した生分解性プラスチック

動物や植物がつくる多糖類などの天然高分子も生分解性プラスチックの材料として利用できる．これらは天然由来であるので，環境にやさしい理想的な材料といえる．

多糖類の材料としては，デンプン，セルロース，キチンなどがある（図9・14）．

デンプンは α-グルコースが多数結合してできたものであり，1本の長い直鎖状の高分子がらせん状になったアミロースと，枝分かれになったアミロペクチンがある．一方，セルロースは β-グルコースが多数結合してできたものである．

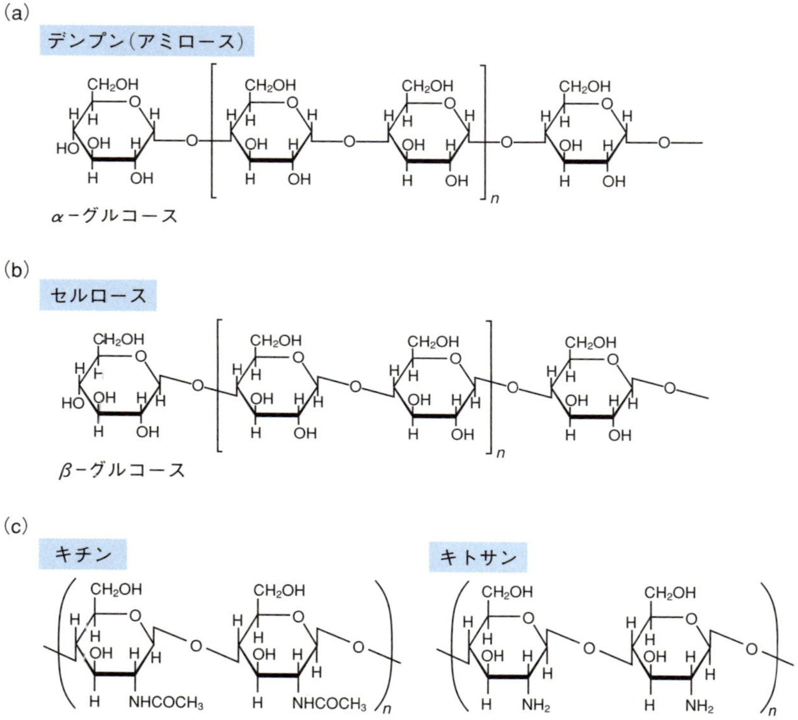

(a) デンプン（アミロース）
α-グルコース

(b) セルロース
β-グルコース

(c) キチン　　キトサン

図9・14　多糖類の構造の例

植物系多糖類であるデンプンは生産量が多く安価ではあるが，親水性であるので，そのままでは使用できないために，さまざまな工夫をこらしたものが開発されている．そのほか，セルロースからつくられた酢酸セルロースも有望視されている．

キチンはカニやエビの殻などに含まれている．キチンをアルカリで処理すると，アセトアミド基が加水分解してキトサンになる．

動物系多糖類であるキチンやキトサンは，抗菌性，保湿性，生体適合性

などの特性を有しており，さまざまな応用製品の開発が活発に行われている．

微生物がつくる生分解性プラスチック

　ある種の微生物がつくるポリエステルは生分解性プラスチックとして利用できることがわかっている．図9・15は水素細菌という微生物にグルコースとプロピオン酸を餌（炭素源）として与えることでつくられたポリエステルである．餌の種類によって，合成されるポリエステルの構造が変化することも知られている．

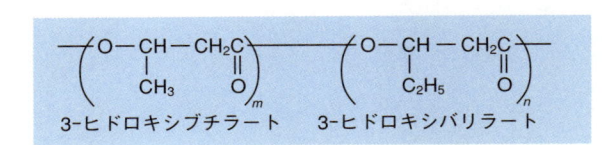

図 9・15　微生物がつくる生分解性プラスチックの例

10 地球環境を守るために

　21世紀は「環境の世紀」といわれている．いまを生きる私たちは，さらなる環境の悪化をくい止め，破壊されてしまった環境を修復し，人々が安心して暮らせる持続可能な社会をつぎの世代へ引継いでいかなければならない．今日の環境問題は，かつてのように限定された地域だけではなく，地球規模へと広がりを見せている．

　このような環境問題の解決には，一人ひとりが環境の保全に自主的に取

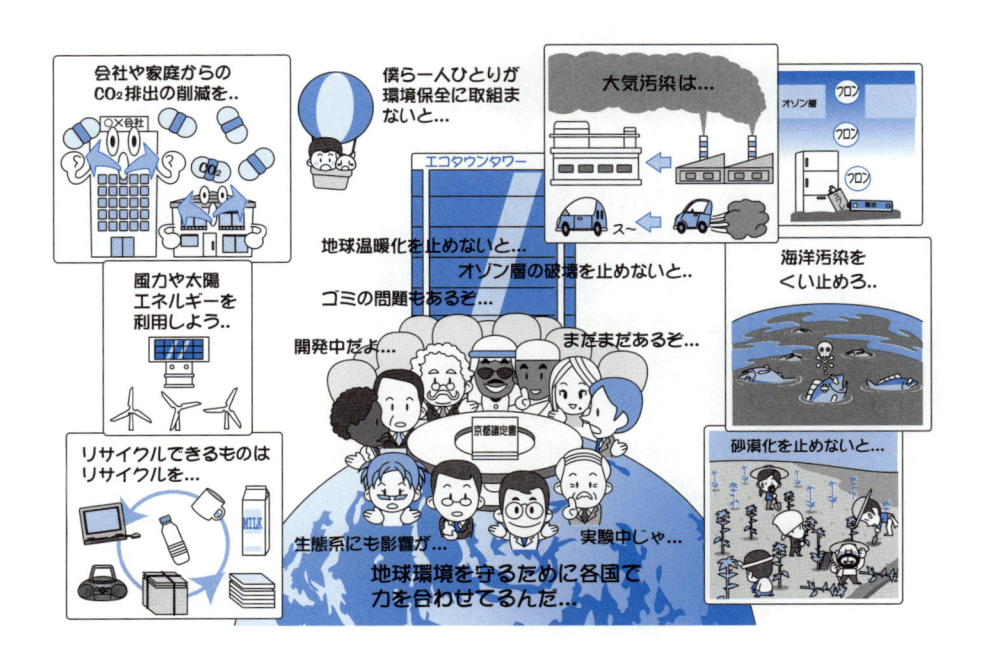

組み,限りある資源を有効活用するなど,環境への負荷の少ない社会の構築に努めていくことが大切である.

そして,環境問題はすべての人間活動にかかわっているので,これまでに見てきた技術的な方法ばかりでなく,総合的な見地からの解決策が必要となる.

1. 地球環境問題の解決へ向けて

地球温暖化やオゾン層の破壊などの地球環境問題を解決するには,国際的な取組みが必要である.ここでは,地球温暖化防止を例にとって,現在,全地球的にどのような取組みが行われているのかを見てみよう.

京都議定書

地球温暖化の解決には,二酸化炭素などの温室効果ガスの排出量の削減が不可欠である.

1992年に国連総会で,二酸化炭素などの温室効果ガスの排出を規制する気候変動枠組条約が採択された.この条約は,「気候系に対して危険な人為的影響を及ぼすこととならない水準において,大気中の温室効果ガスの濃度を安定化させることを究極の目的」としている.

しかし,この条約には法的な拘束力をもった削減数値約束がなく,また2000年以降の具体的取組みについて決まっていなかった.そこで,1997年に京都で開かれた「気候変動枠組条約第3回締約国際会議(地球温暖化防止京都会議,COP3)」では,温室効果ガスの排出量について法的拘束力のある数値約束を各国ごとに定めた**京都議定書**が採択され,2005年2月に発効した.図10・1には,京都議定書の概要を示した.

これにより,日本をはじめ,温室効果ガス排出量の削減を約束した国々にとっては,その数値約束を守ることが法的な義務となった.各国は,2008年から2012年までの第1約束期間に向けて,温室効果ガスの削減対策を進めていかなければならない.先進国全体で少なくとも5%の削減が目標とされている.

図10・2には,二酸化炭素の国別排出量と国別一人当たりの排出量を示

10. 地球環境を守るために　　133

> 対象ガス　　二酸化炭素，メタン，一酸化二窒素，
> （6種類）　　代替フロンガス3種類（HFC，PFC，SF_6）
> 削減基準年　1990年（HFC，PFC，SF_6は1995年としてもよい）
> 目標期間　　2008年から2012年
> 数値約束　　先進国全体で少なくとも5％削減
> 　　　　　　（EU 8％，日本6％など）

図10・1　京都議定書の概要

した．京都議定書を批准した国において削減義務をもつ国の排出削減量の合計は，全排出量のおよそ3分の1にすぎない．

わが国の削減目標

削減目標となる数値は，二酸化炭素，メタン，一酸化二窒素，ハイドロ

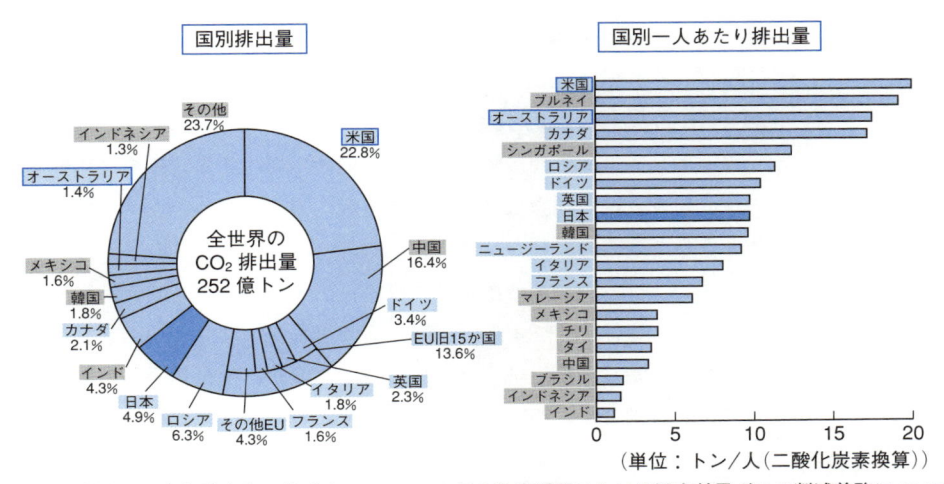

図10・2　二酸化炭素の国別排出量と国別一人あたり排出量（2003年）．日本エネルギー経済研究所「エネルギー・経済統計要覧（2006年版）」より環境省作成

> ### 国際的な協力による排出削減
>
> 　京都議定書では，国際的な協力によって削減目標を効果的に達成するしくみが提出されている．
> 　① クリーン開発メカニズム：先進国が，発展途上国内の排出削減のプロジェクトを実施し，その削減量を排出枠として取得できる．
> 　② 共同実施：先進国同士が先進国内の排出削減のプロジェクトを実施し，その削減量を排出枠として，当事者国の間で分配できる．
> 　③ 排出量取引：先進国同士が，排出枠の移転（取引）を行う．

フルオロカーボン（HFC），パーフルオロカーボン（PFC），六フッ化硫黄 SF_6 の6種類の温室効果ガスの排出量に，森林などによる二酸化炭素吸収量を算定して設定されている．わが国は第1約束期間に温室効果ガスの排出量を1990年と比べて，6％削減することを約束している．

　しかし，危機的な気候変動を回避するためには，新たな国際的枠組みの構築よって，より実効的な温室効果ガスの削減目標などを設定し，その達成のために世界全体で努力し続ける必要がある．

温暖化の具体的な対策

　温室効果ガスは人間活動のあらゆる面から発生する．そのため削減目標の達成には，国，地方公共団体，事業者，市民といったすべてのものが一体となって取組む必要がある．

　図10・3は，わが国の温室効果ガス排出量を示したものである．部門別に見ると，運輸，オフィス，家庭からの排出量が著しく増加している．また，産業界からの排出量はほぼ横ばいであるが，排出量全体の中で依然として大きな割合を占めている．このことから，削減目標を達成するためには，産業・運輸部門のエネルギー利用の効率化，化石燃料に依存しない新しいエネルギーシステム開発などの技術革新の促進（8章参照），森林の保護や育成などとともに，私たち自身のライフスタイルの改善が必要であることがわかる（コラム「家庭でできる温暖化対策」参照）．

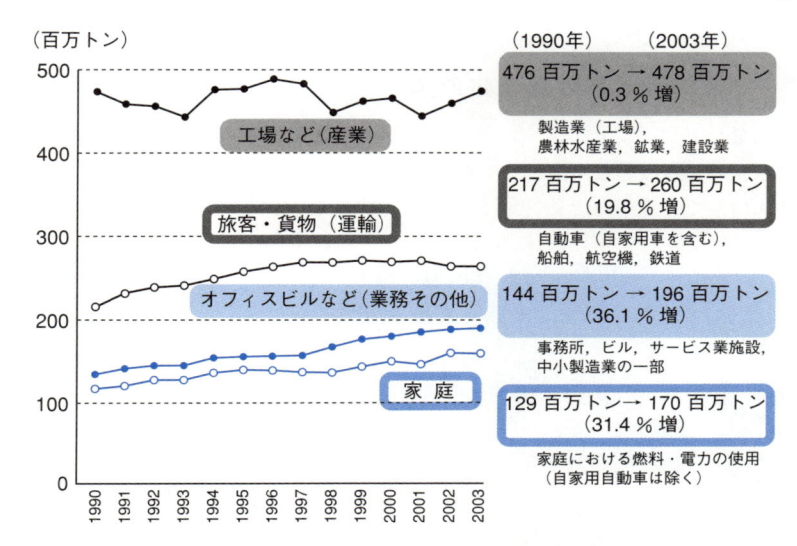

図 10・3　わが国の部門別温室効果ガス排出量の推移．環境省パンフレット「環境税について考えよう」（2005 年 6 月）より

2. 環境税

　地球環境問題を解決するためには，毎日の生活において一人ひとりが高い意識をもって行動することが重要になる．しかしながら，何らかの規制をすることなしに，十分な行動を実現することは難しい．そこで，環境税のような手段が注目を集めている．

環境税とは

　環境負荷に応じて国民，事業者などに課せられる税のことを**環境税**という．環境税の目的は，幅広く負担を求めることにより，環境問題の重要性についての認識を促し，環境負荷の少ないライフスタイル・ワークスタイルへの変更を推し進めることである．しかも税収は，環境対策に必要な安定した財源としても活用できる．
　地球温暖化の原因となる二酸化炭素の排出量の削減を目指した炭素税や，一部の地方自治体が森林保全のための財源確保を目的に導入している

家庭でできる温暖化対策

図1は家庭からの二酸化炭素排出量を用途別に示したものである．これをもとに，家庭でできる温暖化対策の例を図2に取上げた．まずは，できるものから取組んでみよう．

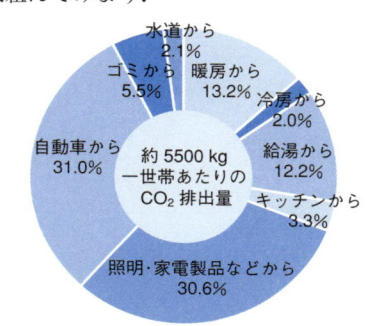

図1　家庭からの二酸化炭素排出量 ── 用途別内訳
（2004年度）．温室効果ガスインベントリオフィスより

水道から 2.1%
ゴミから 5.5%
暖房から 13.2%
冷房から 2.0%
給湯から 12.2%
キッチンから 3.3%
照明・家電製品などから 30.6%
自動車から 31.0%
約5500 kg 一世帯あたりの CO_2 排出量

① 冷房や暖房を使用しない，あるいは設定温度を工夫する．
② 通勤や買い物の際には，自動車などの利用をやめ，歩いたり，自転車を使う．
③ 長時間停車するときは，自動車のエンジンを切る．
④ 主電源を切る．長期間使わないときはコンセントを抜く．
⑤ 見たい番組だけを選び，テレビを見る時間を減らす．
⑥ シャワーの使う時間を短くする．
⑦ 風呂の残り湯は洗濯などに使いまわす．
⑧ 家族は同じ部屋で団らんし，余計な電力を使わない．
⑨ 省エネルギー効果の高い家電製品を選ぶ．
⑩ 買い物袋を持ち歩き，レジ袋を減らす．

また，家庭での日常生活における地球環境への影響を判定し，行動基準とするために，"環境家計簿"を作成する取組みも行われている（後述）．

図2　家庭でできる温暖化対策の例

森林環境税などがある．

　二酸化炭素の排出量が著しく増加している家庭，オフィス，運輸部門に対しては，規制などによって構成員すべてに対策を強制することは容易ではない．このため，エネルギーの使用により二酸化炭素を排出するすべての事業者や家庭などに対して，二酸化炭素の排出量に応じた税金を課す方法が効果的であると考えられている．

　課税対象となるのは，① ガソリン，灯油，LPG などのおもに家庭，オフィスにおいて使用される化石燃料，② 石炭，天然ガス，重油，軽油などのおもに事業活動において使用される化石燃料，③ 発電用燃料，ガス製造用原料などの電気事業者において使用される化石燃料である．

環境税が導入されて化石燃料の価格が上昇すると，省エネ型・低燃費型の製品が選ばれるようになり，エネルギーの節約が期待できる．

表 10・1　地球温暖化に関する税制の例

国　名	名　称	導入年次	概　要	使　途
ノルウェー	CO_2 税	1991	LPG，航空機燃料を除く化石燃料について，既存エネルギー税に上乗せ（石炭，天然ガスについては新設）	一般財源
デンマーク	CO_2 税	1992	ガソリンを除き，ほぼ炭素含有量に応じた額を既存エネルギー税に上乗せ　産業向けに軽減措置あり．また，温室効果ガス削減の協定を結んだ企業にさらなる軽減あり	社会保険雇用者負担の削減財源　中小企業に対する還付金など
オランダ	一般燃料税	1988	各エネルギーについて，炭素含有量に応じた額を既存エネルギー税に上乗せ	一般財源
オランダ	エネルギー規制税	1996	軽油，LPG，灯油，天然ガスおよび電力について，一般燃料税に加えさらに上乗せ	低所得者層の所得税率引下げ　社会保険料の雇用者負担軽減　環境投資の支援など
ドイツ	環境税制改革	1999	石炭を除く各種の石油・天然ガス系燃料に対する既存の鉱油税を増税．電気税の新設	年金保険料の負担軽減が主　CO_2 建物改築プログラム　再生可能エネルギーの普及など
イギリス	気候変動説	2001	既存エネルギー税が課税されていない LPG，天然ガス，石炭，電力に課税　気候変動協定を政府との間で締結したエネルギー多消費産業は，気候変動税の 80% を軽減	雇用者の国民保険負担軽減が主　エネルギー効率対策プログラム　省エネ投資に対する法人税などの控除拡大など

環境省パンフレット「環境税について考えよう」(2005 年 6 月)より一部抜粋

各国における導入の動き

CO₂税，一般燃料税，気候変動税など名称はさまざまであるが，欧州のいくつかの国ではすでに温暖化対策のための環境税が導入されている（表10・1）．

3. 循環型社会の実現へ向けて

緑豊かな地球環境をつぎの世代に確実に引継いでいくために，大量生産・大量消費・大量廃棄の社会から脱却し，限りある資源を有効に使用する循環型社会への転換が求められている．ここでは，循環型社会の実現へ向けた取組みについて見てみよう．

循環型社会の基本方針

循環型社会の形成に向けて，2000年に「循環型社会形成推進基本法」が制定されている．この基本法の目的は，廃棄物処理を総合的・計画的に行うことにある．その基本となるものが，9章で見た"3R"（リデュース，リユース，リサイクル）である（図9・6参照）．さらに，それらの取組みに優先順位が定められている．

① 出てくるゴミをできるだけ減らす（リデュース）．
② 不要になったものは，できるだけ繰返し使用する（リユース）．
③ 繰返し使えないものは，資源として再生利用する（リサイクル）．
④ 資源として使えないものは，燃やしてその熱を利用する．
⑤ 最後に，どうしても捨てるしかないものは，環境を汚さないようにきちんと処分する．

循環型社会への取組み

循環型社会の実現を推進するために，以下のような取組みも行われている．

① ライフサイクルアセスメント（LCA）：原料調達から製造工程，流通，使用，廃棄などにいたる期間を通じて，環境や人間に与える負荷を算出し，環境への負荷が最小になるように設計する．

東京都足立区では2006年11月からペットボトルのリサイクルを推進するために，ポイントシステムの導入が試みられている．これは，スーパーマーケットに設置したペットボトル自動回収機にペットボトルを入れると，ICカードに買い物に使えるポイントが貯まるというシステムである．

また，ゴミ減量を図るために，小学校内に設置した生ゴミ処理機に家庭から出た野菜くずなどを入れるとポイントが貯まり，有機野菜などと交換できる試みも行われている．

② 法制化によるリサイクルの義務化：法律を一体的に運用することで，循環型社会の形成を効果的に進める（コラム「循環型社会に向けた法律」参照）．
③ リサイクルコストの負担：粗大ゴミや容器回収，レジ袋などの有料化や，容器入り商品の価格に容器代を上乗せして販売し，返却時に返金する"デポジットシステム"の導入など．

そして，何よりも大切なのは，私たち一人ひとりが意識改革を行い，循環型社会の形成へ向けて具体的に行動することである．

循環型社会に向けた法律

循環型社会の形成に向けた基本理念である「循環型社会形成推進基本法」にあわせて，さまざまな法律が整備されている（図1）．

資源有効利用促進法：事業者による製品の回収・リサイクルの実施，製品の省資源化・長寿命化によるリデュース，回収した製品からの部品などのリユースなどを促進する．

容器包装リサイクル法：消費者（分別排出），市町村（分別収集），事業者（再商品化）が役割分担しながら，リサイクルを推進する．ガラス容器，ペットボトル，紙パックなどが対象とされ，現在ではペットボトル以外のプラスチック容器なども加えられている．

家電リサイクル法：廃家電製品（エアコン・テレビ・冷蔵庫・冷凍庫・洗濯機）を回収して，再商品化することを目指す．消費者による適正な排出と費用の負担，販売業者による排出者からの引取りと製造業者への引渡し，製造業者による再商品化などを推進する．

グリーン購入法：環境負荷を減少させる物品について，国などの公的部門における率先的な調達，ならびに役立つ情報の提供などを推進する．

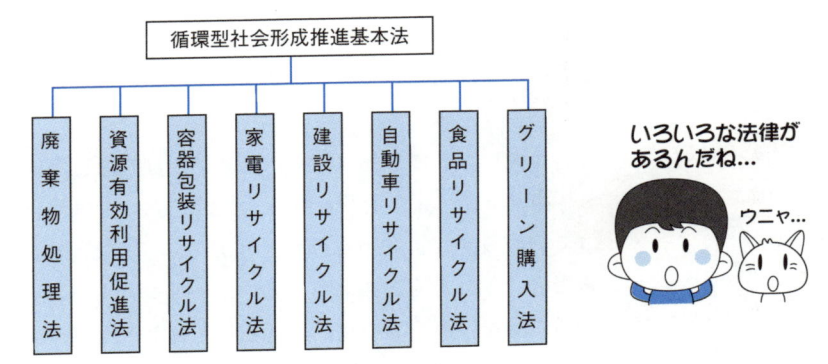

図 1 循環型社会を推進する法律

循環型社会形成推進基本法
- 廃棄物処理法
- 資源有効利用促進法
- 容器包装リサイクル法
- 家電リサイクル法
- 建設リサイクル法
- 自動車リサイクル法
- 食品リサイクル法
- グリーン購入法

いろいろな法律があるんだね…
ウニャ…

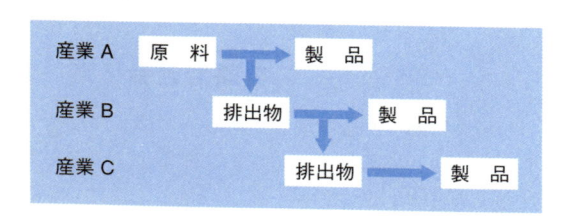

4. ゼロエミッション

20世紀は消費型社会であったが，21世紀はゼロエミッション（放出ゼロ）を目指す時代である．**ゼロエミッション**とは，ある産業から排出される廃棄物を別の産業の原料として使うなどにより，全体としての廃棄物の量（処分量）をゼロまで減らすことである（図10・4）．いわば，ゼロエミッションは循環型社会の究極の形といえる．

ゼロエミッション構想は国連大学（本部：東京）が1994年に提唱した概念で，廃棄物の発生を当然なものとしてきたこれまでの社会・産業構造を，持続可能なものへと転換していくことを意味している．

図10・4　ゼロエミッション

ゼロエミッションへの取組み

現在，ゼロエミッションの実現へ向けてさまざまな取組みが行われている．たとえば，国においては各地域におけるゼロエミッション構想の推進を支援する**エコタウン**事業を1997年から実施している．それぞれの地域の特性に応じて，都道府県または政令指定都市がプランを作成し，環境省や経済産業省の承認を受けた場合，そのプランに基づき実施される事業が総合的・多面的に支援されることになっている（コラム「エコタウン」参照）．

各企業においてもゼロエミッションを目的にした試みがなされてきており，達成を宣言した企業も多い．たとえば，あるビール飲料製造会社では，ゴミの減量化と再利用を行うとともに，副産物や廃棄物の用途を開発し，再資源化100％を達成している．ビールの絞りかすは飼料として，また，余った酵母は医薬品や食品素材として利用されている．

また，農業においては本来の有機農業に戻り，生ゴミや農作物の残さなどを堆肥として再利用することにより，ゼロエミッションが可能となる．

以上のように，ゼロエミッションはリサイクルの究極的な形であり，リサイクルの場合にはリサイクルできないものは廃棄物となるが，ゼロエミッションでは廃棄物を出さずに完全に循環させることを目的としている．そのためには，完全にリサイクルできるものを製造段階から設計する

エコタウン

エコタウンは平成18年1月現在，26地域で承認されている．ここではいくつかの例を紹介しよう．

三重県四日市市エコタウンプラン：住民・企業・行政が協同して，ゴミの減量化やリサイクル，情報発信のためのセミナー・シンポジウムの開催のほか，地域に根ざした化学素材産業の技術を活かした廃プラスチックのリサイクル事業の育成を図ることにより，循環型経済社会を目指している．たとえば，工場から排出される廃プラスチックと分別回収などで回収された食品トレイから，再生樹脂を製造するリサイクル事業を実施する．

青森県エコタウンプラン：八戸地区を資源循環型地域づくりの拠点とし，古くから蓄積された金属溶融還元，金属精錬技術を活用して，ホタテ貝殻や一般廃棄物の焼却灰などを安全な形で再資源化することにより，水産資源育成のための漁礁や天然砂利の代替品などの生産事業を推進し，自然循環システムの構築を図る．

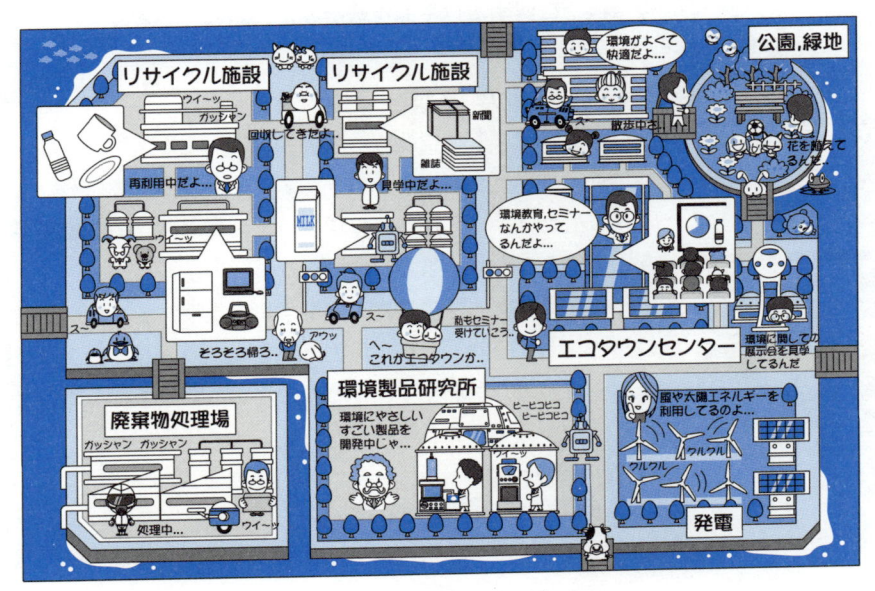

エコタウンのイメージ

必要がある．そこで，9章で述べたグリーンケミストリーが役に立つ．

5. 市民による環境保全

私たち一人ひとりが環境の保全に対する意識を高め，共通の認識をもち，そして行動の輪を広げることが大切である．ここでは，市民による環境保全活動について見てみよう．

市民団体による活動

市民団体による環境保全活動が広がっている．環境保全に取組んでいる市民団体の正確な数は把握されていないが，環境事業団（現 独立法人環境再生保全機構）が平成15年度に行った調査では，対象とした環境NGO（民間の非営利団体で環境保全活動を実施している団体）は約11075団体であり，実際はそれ以上あるものと思われる．また，町内会・自治会などにおいても区域の環境美化，清掃活動，リサイクル運動などの環境保全に関する自主的な取組みが行われている．

環境教育の重要性

市民団体による環境教育・環境学習に関する活動内容は，教材開発，講師派遣，プログラム実施，コーディネートなど多岐にわたっている．このような活動は，一人ひとりに環境への配慮や自発的な環境保全活動を促すうえで重要な役割を果たしている．

また，環境省も環境教育・環境学習を支援するために，各種資料をホームページ上で公開したり，環境カウンセラーとしての人材派遣やこどもエコクラブ，エコファミリーなどの参加者の募集を行っている．

環境家計簿

廃棄物のない社会を目指すために，一人ひとりが日々の暮らしの中で身近な問題として捉え，ライフスタイルを改善していくことが重要である．市民が具体的な行動をするためには，一人ひとりが環境保全にどの程度貢献できるのかを目に見える形で示していくことが必要である．10年以上

も前から市民団体の中で提案され，広がりつつある試みに**環境家計簿**がある．

これは，家庭において電気，ガス，水道，ガソリンなどの使用量を記録し，環境に配慮したライフスタイルの習慣づけを行うものである（図10・5）．それらの使用量や支出額を集計して，二酸化炭素排出量を計算す

最近では，使用量を入力するだけで二酸化炭素排出量を計算してくれるインターネットサイトも多い．

項目		使用量（単位）	×CO₂排出係数	＝CO₂排出量
エネルギー・資源	電気	kWh	×0.37	＝
	都市ガス	m³	×2.28	＝
	LPガス	m³	×6.3	＝
	水道	m³	×0.58	＝
	灯油	L	×2.5	＝
	ガソリン	L	×2.3	＝
	ゴミ	kg	×0.84	＝
CO₂排出量の合計				kg-CO₂

図 10・5 環境家計簿．領収書などの使用量（1ヵ月分）をそれぞれ記入すれば，CO₂の排出量が求まり，これらの全項目について合計したものが，家庭で1ヵ月間使用されたエネルギーに伴って排出されたCO₂の合計量となる．

る方式のものが多い．単に配布するだけでなく，一定期間後に回収を行い，現状と改善の結果を把握し，その結果を家庭へフィードバックすることで一定の効果を上げている地方公共団体もある．

「MOTTAINAI」キャンペーン

ケニアの環境副大臣であるワンガリ・マータイ氏は，「持続可能な開発，民主主義と平和への貢献」により，2004年にノーベル平和賞を受賞した．彼女は平成17年2月に京都議定書発効記念行事のため来日した際，「もったいない」という言葉を知り大きな感銘を受け，この言葉が環境問題を考える際に最もふさわしいものであると唱えた．その後，マータイ氏は国連婦人地位向上委員会において，「MOTTAINAI」を環境保護の合言葉として紹介し，全世界に向けてアピールした．

6. 砂漠に緑を

　現在，地球上の多くの地域で砂漠化が進んでおり，その原因の大部分が人為的なものであることは，すでに6章で見た．緑豊かな自然を失うことは，すべての生命の住みかの喪失につながる．砂漠化の進行をくい止め，地球上に豊かな緑を回復するために，国際的な協力による解決が不可欠となっている．

わが国と砂漠化問題

　わが国は比較的多くの降水に恵まれ，国土の約70％は森林で占められているので，砂漠のような乾燥地や半乾燥地は存在せず，砂漠化問題は存在しないといわれている．

　しかしながら，経済や社会活動の相互依存の拡大により，砂漠化などの環境問題は世界各国がともに協力して解決にあたることが重要であるといわれている．各国の協力によって，砂漠化に対処し，植生を保護していくことが，食糧生産や薪炭材の確保につながり，被害国の住民を飢えとエネルギー不足から救うことができる．

　また，砂漠化による気候変動や植生の減少による地球温暖化が進み，わが国に影響が及ぶ可能性もある．さらに，食糧自給率の低いわが国にとって，世界中の食糧の安定な供給を確保することは重要である．

わが国の食糧自給率はかなり低く，2002年度で40％ほどである．ちなみに，先進国ではフランス130％，アメリカ119％，ドイツ91％，イギリス74％である．

援助活動の具体例

　以上のような認識のもと，わが国では政府開発援助としてのプロジェクトを推進したり，砂漠化進行のメカニズムなどについての調査・研究を行っている．たとえば，環境省では平成7～15年に，アフリカのブルキナ・ファソ国において，地下水の有効利用を目的とした「砂漠化防止対策モデル事業」を行った．これは，地域の住民と協力しながら地下ダムをつくり，その水を日常生活の暮らしや作物栽培などに使おうとするものである．さらに，国際協力機構を通じて人材を派遣し，植林運動を推進するための技術指導や普及活動も行われている．

民間レベルでもNGOによる植林活動などが盛んに進められている．

索　引

あ

IPCC　82
赤　潮　35, 65
亜硝酸ナトリウム　37
アスピリン　38
アスベスト　44, 56, 72
アセチルコリン　41
アセチルサリチル酸　38
アセトアルデヒド　30
アニオン　24
アフラトキシン　37
アミノ基　29
アミノペクチン　128
アミロース　128
アミン　29
アルカリ金属　23
アルカン　101
アルキル硫酸エステル
　　　　　　ナトリウム（AS）　35
アルコール　28, 29, 30
アルゴン　15
アルデヒド　29, 30, 58
アルミニウム　74, 78
アルミノケイ酸塩　118
アンモニア　53, 55
アンモニウムイオン　77

い

硫黄酸化物　54, 57, 91, 92, 93, 100,
　　　　　　　　　　　　　101
　──の除去　55
イオン液体　117
イオン結合　24
イオン結晶
　──が水に溶けるしくみ　61

イオン交換　75
イソシアナート　116
イタイイタイ病　44
一次エネルギー　98, 99
一次処理　64
1 日摂取許容量　43
一酸化炭素　16, 26, 51, 54, 58
一酸化二窒素　51, 53, 84, 85, 133
一般廃棄物　118
　──の処理　120
医薬品　38
陰イオン　24

う

宇　宙　6
　──から見た地球　7
　──における元素の存在量　11
　──の誕生　8
ウラン　23, 104, 106, 107

え

栄養塩類　65
液化天然ガス　102
エコタウン　140, 141
エタノール　29, 30
エタン　29
エチレン　29, 30, 32
HFC　88, 90, 134
HCFC　88
ADI　43
エテン　29, 30
n 型半導体　109
エネルギー
　──と環境　97
　──の種類　99
LNG　102

LCA　138
LD_{50}　43
塩　53
塩化水素　26, 53
塩化ナトリウム　24, 60, 73
塩化物イオン　16, 24, 60, 62, 63
塩基性　67
塩素消毒　64
塩素ラジカル　89
塩類集積　79

お

オゾン　15, 27, 50, 51, 58
オゾン処理　64
オゾン層　86
　──の破壊　15, 85, 89
オゾン層破壊物質　88
オゾン破壊係数　88
オゾンホール　87
オルトフェニルフェノール　37
温室効果　15, 50, 51, 83
温室効果ガス　52, 83, 85, 103, 132, 134

か

外因性内分泌かく乱物質　44
海　水　62
　──の組成　16
界面活性剤　35
海　洋　15, 62
海洋温度差熱発電　108
化学結合　24
化学工業　77
化学物質　21
　──と健康　36
　──による生分解性
　　　　　　　プラスチック　126

化学物質（つづき）
　　――による土壌の汚染　78
　　環境にやさしい――　115
　　大気を構成する――　50
　　身のまわりの――　34
　　有害な――　43
化学的酸素要求量　67
化学的分解
　　――による廃棄物の処理　123
化学風化　73
核　13, 14
核燃料サイクル　106
核分裂反応　104, 107
核融合反応　8, 10, 11
過耕作　79
可採年数
　　エネルギー資源の――　100
火山　53
過酸化水素　37
風　52
火成岩　72
化石エネルギー　98, 100
化石燃料　50, 54, 55, 76, 92, 101
河川水　63
カチオン　24
活性化エネルギー　117
活性炭処理　64
カテコール　118
価電子帯　124
家電リサイクル法　90, 139
カドミウム　44, 105
過放牧　79
火力発電　102
カルシウムイオン　63
カルバメート系農薬　40
カルボキシ基　29
カルボニル基　29
カルボン酸　29, 30, 31
岩塩　73
環境化学　5
環境家計簿　142, 143
環境型社会　138
環境教育　142
環境税　135
環境保全活動
　　市民団体による――　142
環境ホルモン　44
緩衝作用　75
岩石　72
官能基　28
甘味料　36
カンラン石　14, 72, 73

き

希ガス元素　23
気圏　11
気候変動に関する政府間パネル　82
ギ酸　31
キ石（輝石）　14, 72
キチン　128
キトサン　128
基本骨格　28
強化剤　36
凝集剤　64
京都議定書　90, 132, 133
共有結合　24
極性分子　27, 60
銀河　7
銀河系　7
銀河団　7

く

クリーンエネルギー自動車　108
グリーンケミストリー　114
グリーン購入法　139
クリーン・コール・
　　　　　　テクノロジー　100
グリーンサステイナブル
　　　　　　ケミストリー　114
グリーン触媒　117, 118
グリーンプラスチック　126
グルコース　118, 128
クロロフルオロカーボン　88, 89

け

ケイ酸塩鉱物　13, 44, 72, 74
軽水炉　105
ケイ素　13, 14, 72, 109
下水処理　64
結合手　25
結晶　24
ケトン　29
ケミカルリサイクル　121
健康
　　――と化学物質　36

こ

原子
　　――の構造　9
　　――の質量　10, 23
　　――の種類　10, 22, 23
　　――の誕生　8
原子核　9, 10
原子状酸素　58
原始地球　12
原子番号　9, 10
原子量　23
原子力エネルギー　98, 99, 103, 104
原子力発電　104
原子炉　105
元素
　　――の周期表　22
　　――の存在量　11, 14
元素記号　10
減速材　105

こ

コア　14
光化学オキシダント　58
光化学スモッグ　51, 54, 55, 57
　　――の発生のしくみ　58
光合成　16, 17, 50, 53, 76, 110
黄砂　53
恒星　7
合成洗剤　35
抗生物質　38
構造式　25, 26, 29
高速増殖炉　106, 107
高速中性子　105, 107
高度浄水処理　64
高分子　31, 32, 34, 100, 110, 116
氷　27, 28
呼吸　17, 50, 53, 76
固体酸触媒　118
コプラナーPCB（Co-PCB）　42
ゴミ発電　30, 121
コンバインドサイクル発電　103

さ

再使用　119
再生可能エネルギー　98, 99, 108
再生利用　119
酢酸　29, 31

索引　147

殺菌剤　36, 37
砂漠化　78, 144
サーマルリサイクル　121
サリチル酸　38
サリチル酸メチル　38
サリン　41, 43
3R　119, 138
酸化性物質　58
酸化防止剤　36, 37
産業廃棄物　119
三原子分子　27
三元触媒　55
三酸化硫黄　54
三重結合　26
三重水素　10
酸触媒　118
酸性　67
酸性雨　54, 78, 90, 91
酸素　13, 14, 15, 16, 25, 26, 27, 50, 53, 110
酸味料　36

し

CFC　88, 89
四塩化炭素　88
COD　67
紫外線　50, 51, 86, 89
シクロアルカン　101
ジクロロジフェニルトリクロロエタン　40
資源有効利用促進法　139
示性式　29
自然エネルギー　98
持続可能な開発　114
シックハウス症候群　39
質量
　原子の——　10, 23
　地球の——　14
　分子の——　26
質量数　9, 10
脂肪族ポリエステル　127
臭化メチル　88
周期　23
周期表　22, 23
重金属　44, 66, 78
重水　105
重水素　10
ジュウテリウム　10
循環型社会形成推進基本法　138

硝酸　54, 92
硝酸イオン　77
上水処理　64
蒸発熱　60
食塩　24, 60
触媒　55, 115, 117
食品添加物　36
植物　53
食物連鎖　68, 76, 78
女性ホルモン　45, 46
シリコン　109
シルト　74
新エネルギー　108
神経毒　41
深層水　62
森林伐採　79

す

水銀　44
水圏　11
水質
　——の指標　67
水蒸気　12, 15, 16, 50, 51, 52
水素　8, 10, 11, 23, 25, 26, 110
水素イオン　67, 110
水素結合　27
水素燃料電池　110
水道水　64
水力　98
水力発電　108
水和　60
スチレン　34
スモッグ　57

せ

制御棒　105
正孔　109, 124
成層圏　15, 51
静電引力　24
生物化学的酸素要求量　67
生物圏　11
生物処理　64
生物濃縮　67, 68
生分解性プラスチック　35, 115
　化学合成による——　126
　天然高分子を利用した——　128

　微生物がつくる——　129
生命
　——の誕生　16
生命圏　11
赤外線　51, 83
石炭　98, 99, 100
石綿　44, 56
石油　86, 98, 99, 100
石灰石　73, 75
石膏（せっこう）　55
セルロース　128
ゼロエミッション　140
遷移元素　23
遷移状態　117
洗剤　35

そ

相対原子質量　23
族　23
ソックス　54

た

ダイオキシン　42, 43, 46, 78, 120, 123
大気　49
　——の構造　14
　——の組成　15
大気圏　11
耐性菌　38
堆積岩　72
代替フロン　88, 90
太陽エネルギー　98
太陽系　7
太陽光発電　108, 109
太陽電池　109
太陽熱利用　108
対流圏　14, 49, 51
多環式芳香族化合物　56
多環式芳香族炭化水素　100
脱窒　78
多糖類　128
炭化水素　29, 58, 100, 101, 110
単結合　26
炭酸カルシウム　75, 77, 92
炭酸水素イオン　63
炭素
　——の循環　76

索引

ち

団　粒　74

地　殻　13, 14, 72
地下水　63
置換基　28
地　球　7
　——の構造　13
　——の姿　11
　——の誕生　8, 9
地球温暖化　15, 50, 82, 100, 103, 107, 110
　——がもたらす影響　84
　——に関する税制の例　137
　——の原因　83
地球温暖化指数　85, 88
地球環境　6
地球環境問題　81, 132
地　圏　11
窒　素　15, 16, 25, 26, 27, 50, 53, 65
　——の循環　77
窒素化合物　77
窒素固定　77
窒素酸化物　53, 54, 58, 91, 92, 93, 100, 101
　——の除去　55
地熱発電　108
着色料　36
中　性　67
中性子　9, 10, 104, 105
超親水性　125
超新星爆発　9
調味料　36
超臨界水酸化分解法　123
超臨界流体　116, 117

て

DO　67
DDT　40, 46, 66, 68
鉄　8, 11, 14
テトラクロロエチレン　65, 66, 125
デポジットシステム　139
テルペン　53
典型元素　23
電　子　9, 10, 104, 109, 124
電子雲　9

電磁波　51, 104
伝導帯　124
天然ガス　98, 99, 102
天然ガスコジェネレーション　108
天然高分子
　——を利用した生分解性プラスチック　128
デンプン　128

と

同位体　10, 104
動　物　53
毒　性
　——の指標　43
特別管理廃棄物　119
土　壌　71, 73
　——の働き　74
土壌破壊　78
トリクロロエタン　88, 89
トリクロロエチレン　65, 66, 125
トリチウム　10
トリハロメタン　66

な 行

ナトリウム　107
ナトリウムイオン　16, 24, 60, 62, 63
ナフテン　101

二原子分子　26
二酸化硫黄　53, 54, 55
二酸化ケイ素　63
二酸化炭素　15, 16, 27, 50, 51, 53, 75, 85, 91, 100, 101, 107, 110, 132, 133
　——の状態図　116
　——の発生量　86
　家庭からの——の排出量　136
　大気中の——濃度の推移　83
二酸化チタン　123, 124
二酸化窒素　54, 55, 58
二次エネルギー　98
二次処理　65
二重結合　26
ニッケル　14
ニトロ化合物　29
ニトロ基　29

ニトロソアミン　37
乳化剤　36

粘　土　74
燃料電池　108, 110
燃料棒　105

農　薬　40, 66, 78
ノックス　54
ノニルフェノール　45, 46
ノンフロン製品　90

は

バイオエタノール　111
バイオマス　98, 110, 118, 127
バイオマス燃料　108, 111
バイオマス発電　108, 111
排気ガス
　自動車の——　55
廃棄物　115, 118
廃棄物燃料　108
廃棄物発電　108
ハイドロクロロフルオロカーボン　88
ハイドロフルオロカーボン　88, 90, 133
発がん物質　37
発色剤　36, 37
発電電力量　99
パーフルオロカーボン　88, 90, 134
パラチオン　40
パラフィン　101
波力発電　108
ハロカーボン　89
ハロン　88, 89
PAN　58
半数致死量　43
半導体　109, 124
バンドギャップ　124
バンド構造
　半導体の——　124

ひ

pH　67
　雨の——　91
BHC　40, 66
PFC　88, 90, 134

索　引

BOD　67
非化石エネルギー　98
p型半導体　109
光　51
光化学反応　51, 58
光化学分解法　123
光触媒　123
　　——の原理　124
PCDF　42
PCDD　42
PCB　41, 46, 66, 68, 78
微小粒子状物質（PM2.5）　56
ビスフェノールA　45, 46
微生物　53
　　——がつくる生分解性プラスチック　129
ビッグバン　8
ヒドロキシ基　28, 29, 30
ヒドロキシルラジカル　51, 54, 58, 125
ヒドロキノン　118
比熱容量　60
表層水　62
ビルダー　65
微惑星　12

ふ

風化　73
風力　98
風力発電　108
富栄養化　35, 65
腐植　73
プタキロサイド　37
ブチルヒドロキシアニソール　37
フッ化水素　53
物理風化　73
浮遊粒子状物質　56
プラスチック　34
プランクトン　65, 92
プルサーマル　106, 107
プルトニウム　106, 107
プロゲステロン　45
フロン　51, 85, 89
分子　25
　　——の質量　26
分子式　25, 29
分子量　25, 26

へ

PET　34
ペットボトル　34, 123
　　——のリサイクル　122, 138
ヘテロサイクリックアミン　37
ヘテロポリ酸　118
ペニシリン　38
ヘリウム　8, 10, 11, 104
ペルオキシアセチルナイトレート　58
変成岩　72
ベンゼン　29, 31
ベンゼンヘキサクロリド　40
ベンゾピレン　37, 56

ほ

防カビ剤　36, 37
芳香族化合物　31
芳香族炭化水素　101
放射性廃棄物　108
放射線　104
放射能　104
ホウ素　105
飽和炭化水素　86, 101
星
　　——の誕生　9
ホスゲン　116
保存料　36
ポリウレタン　116
ポリエステル　129
ポリエチレン　32, 42
ポリエチレンサクシネート　127
ポリエチレンテレフタレート　34
ポリ塩化アルミニウム　64
ポリ塩化ビフェニル　41
ポリカプロラクトン　127
ポリグリコール酸　127
ポリクロロジベンゾp-ジオキシン　42
ポリクロロジベンゾフラン　42
ポリスチレン　34
ポリ乳酸　127
ポリブチレンサクシネート　127
ホール　124
ホルミル基　29
ホルムアルデヒド　29, 30, 39
ホルモン　44

ま行

マグネシウム　14, 16, 74
マグマオーシャン　13
マテリアルリサイクル　121
マントル　13, 14

水　25, 27, 28, 59, 110
　　——に溶けるしくみ　60
　　——の汚染　65
　　——の存在量　15
　　——の特別な性質　60
　　地球上における——の循環　61
水俣病　44

メソポーラスシリカ　118
メタノール　28, 29, 30, 110
メタン　25, 28, 29, 30, 51, 52, 53, 84, 85, 102, 133
メタンハイドレート　30, 103

「MOTTAINAI」キャンペーン　143
モホロヴィチッチ不連続面　13
モル　23
モントリオール議定書　90

や行

有機塩素化合物　78
有機塩素系農薬　40
有機化合物
　　有害な——　39
有機水銀　44
有機分子　28
有機リン系農薬　40, 41

陽イオン　24, 73, 74
容器包装リサイクル法　139
陽子　9, 10
溶存酸素量　67
溶媒
　　環境にやさしい——　116
四日市ぜんそく　44, 54
四大公害病　44

ら 行

ライフサイクルアセスメント　138
ラジカル　51, 89

リサイクル　35, 119
　　──の種類　121
　　ペットボトルの──　122, 138
リターナブルビン　119
リデュース　119, 138
硫化水素　53
硫　酸　54, 57, 92
硫酸イオン　16, 63
硫酸ナトリウム　64
リユース　119, 138
両親媒性分子　35
リ　ン　35, 65
臨界点　117

冷却材　106, 107

六フッ化硫黄　88, 90

わ

惑　星　7

齋藤　勝　裕
　　1945年　新潟県に生まれる
　　1974年　東北大学大学院理学研究科博士課程
　　　　　　修了
　　名古屋工業大学名誉教授
　　専攻　有機化学，有機物理化学，超分子化学
　　理　学　博　士

山　﨑　鈴　子
　　1960年　兵庫県に生まれる
　　1988年　奈良女子大学大学院人間文化研究科
　　　　　　博士課程　修了
　　現　山口大学大学院理工学研究科　教授
　　専攻　物理化学，光触媒化学，環境化学
　　学　術　博　士

第1版 第1刷 2007年4月20日 発行
第2刷 2015年3月31日 発行

わかる化学シリーズ 6
環　境　化　学

Ⓒ 2007

著　者　　齋　藤　勝　裕
　　　　　山　﨑　鈴　子

発行者　　小　澤　美　奈　子
発　行　　株式会社 東京化学同人
東京都文京区千石3丁目36-7（☎112-0011）
電話 03-3946-5311 ・ FAX 03-3946-5317
URL：http://www.tkd-pbl.com/

印刷・製本　美研プリンティング株式会社

ISBN978-4-8079-1486-9
Printed in Japan
無断転載および複製物（コピー，電子
データなど）の配布，配信を禁じます．

わかる化学シリーズ

1	楽しくわかる化学	齋藤勝裕 著
2	物理化学	齋藤勝裕 著
3	無機化学	齋藤勝裕・長谷川美貴 著
4	有機化学	齋藤勝裕 著
5	生命化学	齋藤勝裕・尾﨑昌宣 著
6	環境化学	齋藤勝裕・山﨑鈴子 著
7	高分子化学	齋藤勝裕・渥美みはる 著